Mathematik entdecken und verstehen

von Reinhard Kutzer
in Zusammenarbeit mit Gerald Bagus, Christoph Graffweg,
Günter Kutzer, Helmut Müller, Romke de Vries und Christel Wucknitz

6

D1720605

VERLAG MORITZ DIESTERWEG
Frankfurt am Main

Mathematik entdecken und verstehen

Struktur- und niveauorientiertes Arbeitsbuch
für den Mathematikunterricht

Genehmigt für den Gebrauch in Schulen.
Genehmigungsdaten teilt der Verlag auf Anfrage mit.

ISBN 3-425-02456-6

Umschlag: Gestaltung Ulrich Dietzel, Frankfurt
Druck und Bindung: Präzis-Druck GmbH., Karlsruhe

Inhalt

(M): Kopiervorlage zum Thema im Lehrerband

Wie heißt die Zahl?

Ich denke mir
5 Zehntausender mehr.

Frische Erdbeeren | 1 kg 1,95 €

Diese Schale wiegt nur 960 g

Legen Sie noch Erdbeeren dazu. Eine große Erdbeere wiegt etwa 20 g

Busreise nach Cuxhaven
317 €

25 Teilnehmer sind es

Ich muß 25mal 317 € kassieren

317 € · 25
317 € · 20
317 € · 5

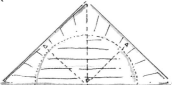

Inhalt

Ⓜ: Kopiervorlage zum Thema im Lehrerband

Kann man beide Winkel mit dem Geodreieck messen?

Ich muss um beide Gärten einen Zaun bauen.

Ich möchte gerne den größeren Garten kaufen.

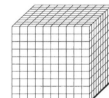

Ich kann ausrechnen wie viele cm^2 ein dm^3 hat. Kannst du das auch?

Wer kann sagen, welche Tortenstücke herausgenommen werden?

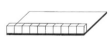

Erdbeeren

Ein Viertel der Erdbeertorte.

Sahne

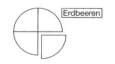

Ein Achtel der Sahnetorte.

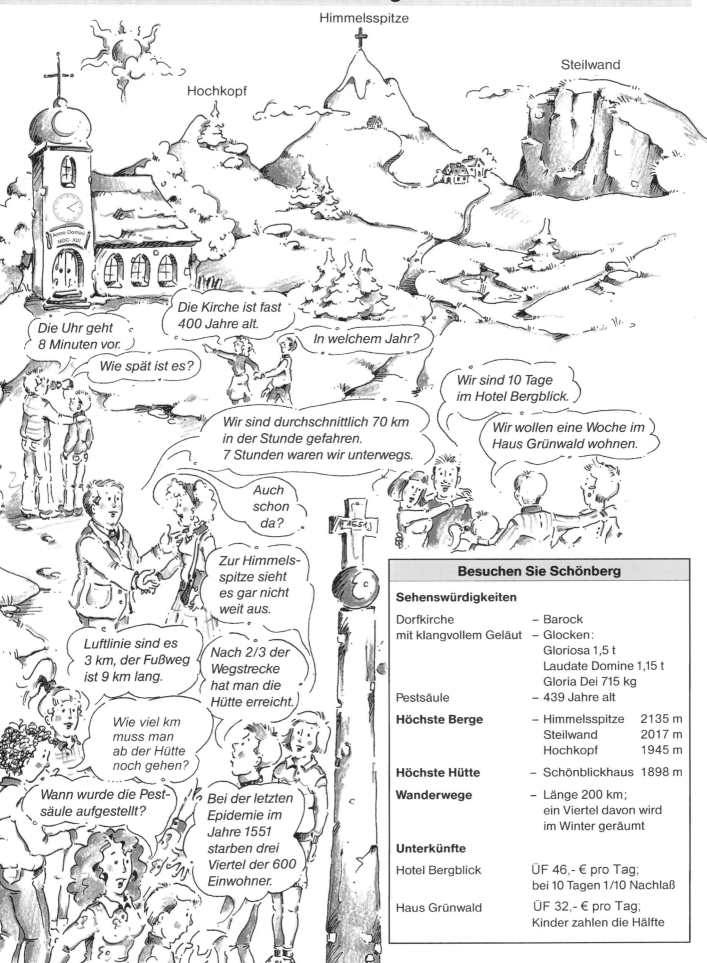

Himmelsspitze

Hochkopf

Steilwand

Die Kirche ist fast 400 Jahre alt.

Die Uhr geht 8 Minuten vor.

In welchem Jahr?

Wie spät ist es?

Wir sind 10 Tage im Hotel Bergblick.

Wir sind durchschnittlich 70 km in der Stunde gefahren. 7 Stunden waren wir unterwegs.

Wir wollen eine Woche im Haus Grünwald wohnen.

Auch schon da?

Zur Himmelsspitze sieht es gar nicht weit aus.

Luftlinie sind es 3 km, der Fußweg ist 9 km lang.

Nach 2/3 der Wegstrecke hat man die Hütte erreicht.

Wie viel km muss man ab der Hütte noch gehen?

Wann wurde die Pestsäule aufgestellt?

Bei der letzten Epidemie im Jahre 1551 starben drei Viertel der 600 Einwohner.

Besuchen Sie Schönberg

Sehenswürdigkeiten

Dorfkirche	– Barock
mit klangvollem Geläut	– Glocken:
	Gloriosa 1,5 t
	Laudate Domine 1,15 t
	Gloria Dei 715 kg
Pestsäule	– 439 Jahre alt
Höchste Berge	– Himmelsspitze 2135 m
	Steilwand 2017 m
	Hochkopf 1945 m
Höchste Hütte	– Schönblickhaus 1898 m
Wanderwege	– Länge 200 km; ein Viertel davon wird im Winter geräumt

Unterkünfte

Hotel Bergblick	ÜF 46,- € pro Tag; bei 10 Tagen 1/10 Nachlaß
Haus Grünwald	ÜF 32,- € pro Tag; Kinder zahlen die Hälfte

6 Wiederholung: Multiplikation und Division

Hurra!
Wir fahren in Urlaub.

Ja, wir wollen nach Bayern.

1 Was Übernachtungen in Hotels je Person kosten. Kinder zahlen die Hälfte!

Hotels	a) Hauptsaison			b) Nebensaison			c) Ersparnis Nebensaison	
	1 Tag	10 Tage	7 Tage	1 Tag	10 Tage	7 Tage	bei 10 Tg.	bei 7 Tg.
Schönblick	30 €			25 €				
Waldfrieden	40 €			35 €				
Sonnenschein	70 €				600 €			
Post	36 €				320 €			
Mühle	55 €					350 €		
Weißer Hirsch	47 €					294 €		

2 Berechne die Kosten für folgende Familien.

Familie	Personen	Hotel	a) Hauptsaison		b) Nebensaison	
			1 Woche	10 Tage	1 Woche	10 Tage
Bagus	2 Erw.	Waldfrieden				
Pfeifer	3 Erw.	Schönblick				
Müller	2 Erw., 2 Kinder	Mühle				
Stein	2 Erw., 1 Kind	Post				
Meier	1 Erw., 1 Kind	Weißer Hirsch				
Hansen	2 Erw., 3 Kinder	Sonnenschein				

c) Berechne die Ersparnis für die 6 Familien, wenn sie in der Nebensaison 1 Woche (10 Tage) bleiben.

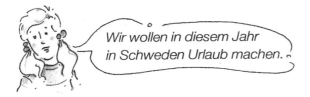

Wir wollen in diesem Jahr
in Schweden Urlaub machen.

Da müßt Ihr aber
Geld tauschen!

3

DEVISEN

1€ = 8 SEK

4 Geschwister tauschen ihr Urlaubsgeld in schwedische Kronen (SEK) um. Wie viele SEK bekommt jedes Kind?

Anja: 50 € = ⬚ SEK

Bernd: 70 € = ⬚ SEK

Chris: 45 € = ⬚ SEK

Diana: 38 € = ⬚ SEK

4 Wie viel SEK erhalten die folgenden Familien?

a) Familie Klein tauscht 600 €.
b) Familie Wirth tauscht 800 €.
c) Familie Olsen tauscht 350 €.
d) Familie Reder tauscht 720 €.

5 Am Ende ihres Urlaubs haben einige Familien SEK übrig und tauschen sie in € zurück.
Wie viel € bekommen sie für 140 (84; 175) SEK?

1 Welche Wegstrecke müssen die Familien zurücklegen?

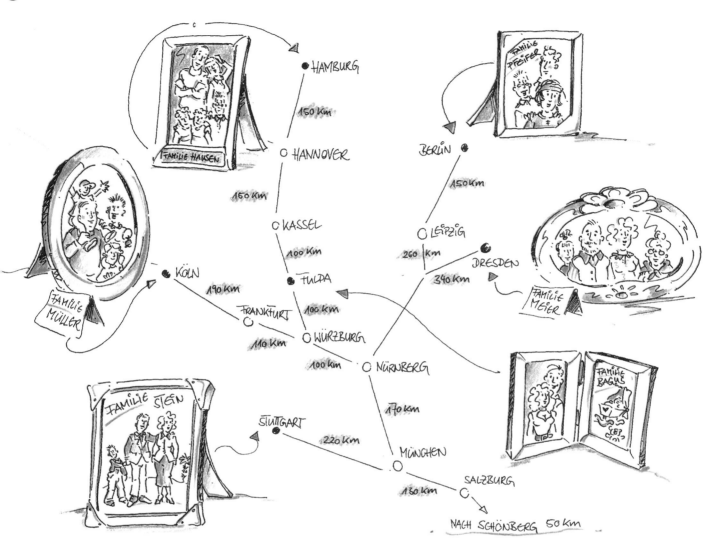

a) Wie viele km fahren die Familien bis zum Urlaubsort Schönberg?
b) Wie lange fahren die Familien, wenn sie durchschnittlich 100 km je Std. fahren?
c) Wann kommen die Familien am Urlaubsort an? (Denke an die Zeit für die Rast!)

Familie	Entfernung	Abfahrt	Fahrzeit (ungefähr)	Rast	Ankunft
Pfeifer		8.00 Uhr		4 mal 1 Stunde	
Hansen		7.00 Uhr		5 mal 1 Stunde	
Müller		8.30 Uhr		3 mal 1 Stunde	
Stein		9.00 Uhr		2 mal 1 Stunde	
Meier		7.30 Uhr		3 mal 1 Stunde	
Bagus		9.30 Uhr		4 mal ½ Stunde	

2 Wie viel Benzin wird verbraucht, wenn auf 100 km ungefähr 10 l benötigt werden?

a) Berechne den Benzinverbrauch für jede Familie.
b) Wie viel l Benzin brauchen alle Urlauber zusammen?

3 Die Zugfahrt hätte für Familie Hansen 160 € gekostet. Vergleiche die Kosten für die Zugfahrt und die Fahrtkosten mit dem PKW, wenn 2 Kilometer etwa 1 € kostet.

1 Fluglinien nach Berlin.

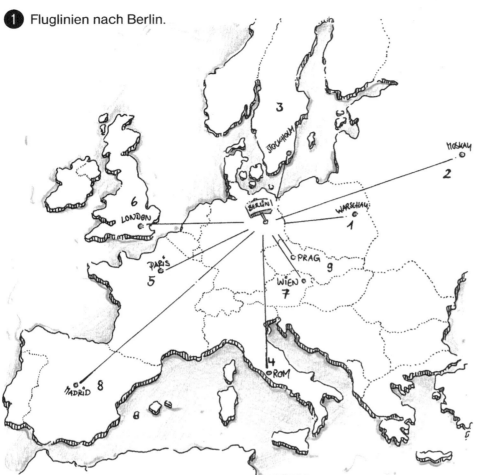

a) Ordne den folgenden Ländern die passenden Hauptstädte zu:

1 Polen   – Warschau
2 Rußland   – _____
3 Schweden   – _____
4 Italien   – _____
5 Frankreich – _____
6 England   – _____
7 Österreich – _____
8 Spanien   – _____
9 CSFR   – _____

b) Entfernungen von Berlin nach:

Warschau	620 km
Moskau	1650 km
Stockholm	810 km
Rom	1200 km
Paris	890 km
London	930 km
Wien	530 km
Madrid	1880 km
Prag	290 km

2 Gib die Flugstrecken an, wenn alle Flüge über Berlin führen.

a) Moskau – Paris   c) Moskau – Madrid   e) Wien – London
b) Stockholm – Rom   d) Warschau – Rom   f) Prag – Stockholm

3 Berechne die Flugzeiten.

	Abflug	Ankunft			Abflug	Ankunft
a) Berlin – Stockholm	12.00	14.45		f) Berlin – Wien	20.45	22.00
b) Berlin – London	10.20	12.25		g) Berlin – Prag	15.40	16.30
c) Berlin – Paris	14.45	16.30		h) Berlin – Warschau	19.35	20.45
d) Berlin – Madrid	11.05	14.10		i) Berlin – Moskau	17.40	21.05
e) Berlin – Rom	8.00	11.55				

Schreibe so: Flugdauer Berlin – Stockholm 2 Std., ... Min.
Berlin – .... Std., ... Min.

4 Währungen und Wechselkurse.

Für 100 € bekommt man ungefähr:	200 €	300 €	500 €	900 €	1000 €
90 US Dollar					
300 tschech. Kronen					
130 kanadische Dollar					
60 englische Pfund					
680 kroatische Kuna					
4000 indische Rupien					

1 Einwohnerzahlen der Hauptstädte Europas.

Einwohnerzahl:
2 300 000

Einwohnerzahl:
2 500 000

Einwohnerzahl:
1 500 000

Einwohnerzahl:
3 200 000

Einwohnerzahl:
2 800 000

Einwohnerzahl:
8 300 000

Einwohnerzahl:
4 600 000

Einwohnerzahl:
1 400 000

Einwohnerzahl:
1 300 000

a) Versuche, die Hauptstädte Europas nach den Einwohnerzahlen zu ordnen.
   (Hast du beim Lösen Schwierigkeiten, bearbeite zunächst die Seiten 10–14.)

b) In welchen Hauptstädten leben ungefähr gleich viele Menschen?

c) Welche Hauptstadt hat etwa doppelt (dreimal) so viele Einwohner wie Wien (Berlin)?

2 Alter der Städte.

Städte	gegründet	Alter
Paris	54 v. Chr.	Jahre
London	61	
Rom	573 v. Chr.	
Stockholm	1252	
Madrid	939	
Wien	100	
Moskau	1147	
Berlin	1244	
Warschau	1241	

a) Berechne das Alter der Städte.
b) Welche ist die älteste Stadt?
c) Kannst du eine Reihenfolge erstellen?

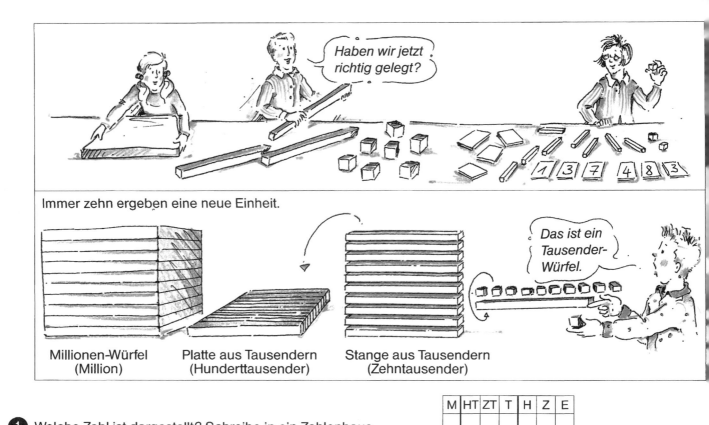

Immer zehn ergeben eine neue Einheit.

Millionen-Würfel (Million)   Platte aus Tausendern (Hunderttausender)   Stange aus Tausendern (Zehntausender)

M	HT	ZT	T	H	Z	E

1 Welche Zahl ist dargestellt? Schreibe in ein Zahlenhaus.

Millionen-Würfel	Platte aus Tausendern	Stange aus Tausendern	Tausender-Würfel	Platte	Stange	Würfel
M	HT	ZT	T	H	Z	E

a)

| 2 | | | | | | |

b)

2 Schreibe die dargestellte Zahl auf.

a)
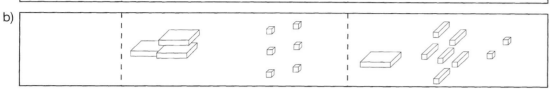

M	HT	ZT	T	H	Z	E

b)
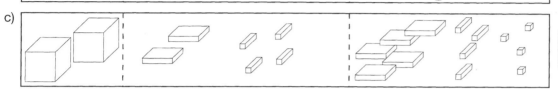

M	HT	ZT	T	H	Z	E

c)
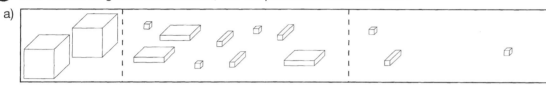

M	HT	ZT	T	H	Z	E

3 Hier musst du genau hinschauen, um die passende Zahl zu finden.

a)

M	HT	ZT	T	H	Z	E

b)

M	HT	ZT	T	H	Z	E

4 Lege mit Rechenblocks (Kärtchen).

a)

M	HT	ZT	T	H	Z	E
	3	1	4	2	5	
	5	3	7	4	6	
2	4	5	2	4	5	

b)

M	HT	ZT	T	H	Z	E
	3	2	7	0	4	6
	5	0	5	0	5	0
3	1	4	0	7	9	8

c)

M	HT	ZT	T	H	Z	E
1	0	4	8	2	5	0
	4	1	4	1	0	0
2	0	0	2	0	0	2

5 Schreibe in das Zahlenhaus.

a) 2 ZT; 5 T; 4 H; 8 Z; 6 E
   7 ZT; 3 T; 9 H; 4 Z; 1 E
   3 HT; 5 ZT; 7 T; 9 H; 4 Z; 8 E
   8 M; 1 HT; 2 ZT; 4 T; 7 H; 3 Z; 2 E

b) 6 ZT; 9 T; 4 H; 5 E   c) 3 H; 5 E; 2 ZT; 3 T; 1 Z
   7 HT; 4 T; 5 H; 8 Z; 3 E   8 E; 9 ZT; 4 Z; 2 T; 8 H
   3 ZT; 5 T; 8 Z; 1 E   3 Z; 5 H; 1 HT; 6 E
   1 M; 2 ZT; 4 H; 2 E   8 T; 8 M; 8 E; 4 Z; 4 H

M	HT	ZT	T	H	Z	E

6 Schreibe die Stellenwerte der einzelnen Zahlen auf.

Beispiel: 834 572: 8 HT; 3 ZT; 4 T; 5 H; 7 Z; 2 E

a)   25 486   b)   738 245   c)   360 000
     73 912   897 632   480 120
   328 541   29 450   50 002
   846 327   48 500   430 506
 1 357 462   327 000   8 042 001

12 Lesen und Schreiben großer Zahlen

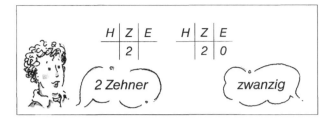

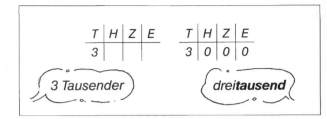

H	Z	E
	2	

H	Z	E
	2	0

2 Zehner — zwanzig

T	H	Z	E
3			

T	H	Z	E
3	0	0	0

3 Tausender — dreitausend

1 Zwei Sprechweisen – die gleiche Zahl. Schreibe ins Zahlenhaus und sprich dazu.

4 Zehner

6 Hunderter
8 Tausender
6 Millionen
5 Zehner
5 Zehntausender
7 Hunderter
7 Hunderttausender

M	HT	ZT	T	H	Z	E
					4	
				6		

M	HT	ZT	T	H	Z	E
					4	0
				6	0	0

vierzig

sechshundert

_____

sechs Millionen

_____

fünfzigtausend

_____

_____

2 Schreibe zwei Möglichkeiten in dein Heft.

Beispiel:

M	HT	ZT	T	H	Z	E
		3	0	0	0	0

3 Zehntausender – dreißigtausend

a)

M	HT	ZT	T	H	Z	E
			4	0	0	0
		7	0	0	0	0
				3	0	0
	1	0	0	0	0	0
					9	0
2	0	0	0	0	0	0

b)

M	HT	ZT	T	H	Z	E
		6	0	0	0	0
	3	0	0	0	0	0
			5	0	0	0
				2	0	0
		8	0	0	0	0
			7	0	0	0

c)

M	HT	ZT	T	H	Z	E
4	0	0	0	0	0	0
			4	0	0	0
				4	0	0
					4	0
		4	0	0	0	0
	4	0	0	0	0	0

3 Schreibe in ein Zahlenhaus.

a) 2 Tausender
   zwanzig**tausend**
   vierhundert
   6 Hunderttausender

b) drei**tausend**
   4 Millionen
   fünfhundert**tausend**
   neunzig

c) 3 Zehner
   dreißig**tausend**
   dreihundert**tausend**
   3 Millionen

4 Kannst du die Zahlen schon im Heft aufschreiben?

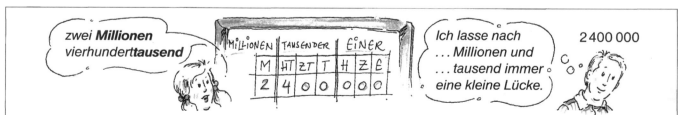

a) sieben**tausend**   7 000
b) neun**tausend**
c) fünfzig**tausend**
d) achtundsechzig**tausend**
e) dreihundert**tausend**
f) vierhundertzwanzig**tausend**

g) siebenhundertdreizehn**tausend**
h) acht**tausend**zweihundert
i) zwölf**tausend**dreihundert
j) vier **Millionen**
k) acht **Millionen** fünfhundert**tausend**
l) sechs **Millionen** dreihundertvierzig**tausend**

So liest man große Zahlen.

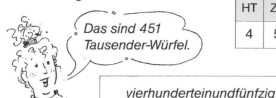

Das sind 451 Tausender-Würfel.

Das sind 873 Einer-Würfel.

HT	ZT	T	H	Z	E
4	5	1	8	7	3

vierhunderteinundfünfzig	tausend	achthundertdreiundsiebzig

1 Lies ebenso:

a)

H	ZT	T	H	Z	E
5	6	9	7	4	8
9	8	5	1	3	2
6	7	4	4	5	6
2	4	6	9	9	9

b)

H	ZT	T	H	Z	E
	6	3	5	6	0
1	3	4	8	0	7
	9	5	3	0	0
5	8	6	0	4	0

c)

H	ZT	T	H	Z	E
4	0	6	0	4	8
	2	0	7	3	9
		8	1	3	0
7	0	0	4	0	2

2 Schreibe die Zahlen von Aufgabe **1** ins Zahlenhaus. Markiere die Tausender
wie im Beispiel farbig.
Kannst du jetzt die Zahlen lesen?

Beispiel:

5	6	9	8	7	4

3 Trage auch diese Zahlen in ein Zahlenhaus ein.
Kannst du sie schon lesen, ohne die Tausender farbig hervorzuheben?

	a)	b)	c)	d)	e)
	348 547	127 218	805 936	5 707	70 777
	719 812	832 545	108 707	60 070	4 008
	495 758	58 999	827 020	900 700	890 030
	624 385	645 700	61 049	80 390	700 001

4 Schreibe die Zahlen ohne Zahlenhaus ins Heft. Rahme die Tausender ein. Lies die Zahlen.

	a)	b)	c)	d)
	924 546	4 752	278 390	2 804
	546 924	40 752	278 309	307 552
	831 467	400 752	278 039	70 006
	467 831	752 400	270 839	900 900

5 Wer kann die Zahlen von **4** jetzt schon lesen,
ohne die Tausender besonders zu markieren?

6 Schreibe mit Ziffern:

a) achtundvierzig**tausend**dreihundertfünfundsiebzig
b) zweiundneunzig**tausend**vierhundert
c) siebenhundert**tausend**fünfundzwanzig
d) fünfhundertsieben**tausend**eins
e) siebzig**tausend**achthundertneunzig
f) dreihundertsechsundfünfzig**tausend**zwei

7 Lass dir die folgenden Zahlen diktieren. Schreibe sie in dein Heft.

a) 324 688	b) 537 244	c) 540 379	d) 408 408	e) 803 700
f) 700 375	g) 80 005	h) 620 900	i) 4 704	k) 909 009

8 Wer findet

a) die kleinste dreistellige Zahl,
c) die größte vierstellige Zahl,
e) die kleinste sechsstellige Zahl,

b) die kleinste fünfstellige Zahl,
d) die größte sechsstellige Zahl,
f) die kleinste vierstellige Zahl?

14 Lesen und Schreiben mit Millionen

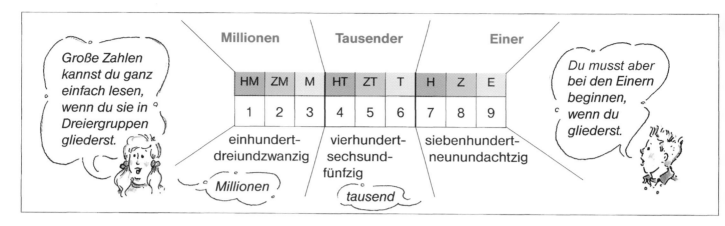

Großе Zahlen kannst du ganz einfach lesen, wenn du sie in Dreiergruppen gliederst.

Millionen			Tausender			Einer		
HM	ZM	M	HT	ZT	T	H	Z	E
1	2	3	4	5	6	7	8	9

einhundertdreiundzwanzig **Millionen**
vierhundertsechsundfünfzig **tausend**
siebenhundertneunundachtzig

Du musst aber bei den Einern beginnen, wenn du gliederst.

1 Wie heißen diese Zahlen? Schreibe sie wie im Beispiel auf und lies sie dann.

a)
HM	ZM	M	HT	ZT	T	H	Z	E
		8	3	9	2	6	5	1
	1	7	6	4	5	3	7	8
2	3	4	5	6	7	8	9	1

b)
HM	ZM	M	HT	ZT	T	H	Z	E
		2	3	9	4	8	5	0
		5	7	3	0	0	4	9
	1	3	6	0	2	4	0	5

c)
HM	ZM	M	HT	ZT	T	H	Z	E
		2	4	5	0	6	8	0	5
		3	0	8	0	4	3	0
1	2	6	0	0	4	0	0	2

2 Schreibe die Zahlen ins Heft. Rahme die Millionen und Tausender ein. Lies dann die Zahlen.

Beispiel:
2 8 | 3 4 7 | 8 6 5

a)
1 5 9 3 2 9 3 1
2 3 7 4 6 5 4 1 8
4 8 6 3 1 9 3 7 2
9 2 6 8 7 6 3 4

b)
7 2 7 4 0 7 0 3
3 0 2 0 0 0 5
1 1 9 0 8 2 4 0 0
1 5 6 0 0 6 8 0

3 Schreibe die folgenden Zahlen wie im Beispiel gegliedert in dein Heft. (Denke an die Lücken.)
Beispiel: 28 543 978. Kannst du die Zahlen jetzt lesen?

a)
1 3 4 7 5 9 2 8
2 1 7 6 3 9 4 6 5
9 4 5 4 2 7 4 3
4 5 2 1 6 3 8 3 9

b)
5 3 2 6 3 4 9 2 8
4 7 5 5 2 4 3 7
6 9 8 7 1 5 3
7 1 8 3 4 5 3 6 0

c)
3 7 8 0 4 3 0 0
1 5 4 7 2 0 9 0 8
6 4 0 4 0 0 7 4
3 0 5 0 0 1 0 4·6

4 Schreibe auf, wie sich die Zahlen von Aufgabe **3** zusammensetzen.
Beispiel: 28 534 978: 2 ZM; 8 M; 5 HT; 3 ZT; 4 T; 9 H; 7 Z; 8 E

5 Du kannst sicher schon die Zahlen aufschreiben!
   a) 5 M; 3 HT; 4 ZT; 8 T; 6 H; 7 Z; 1 E
   b) 7 HM; 2 ZM; 3 M; 8 HT; 4 ZT; 3 H; 2 Z
   c) 5 ZM; 9 M; 5 HT; 7 T; 4 H; 5 E
   d) 8 HM; 1 ZM; 7 HT; 5 ZT; 3 T; 1 E
   e) 5 HM; 1 ZT; 2 T; 2 H
   f) 6 ZM; 6 ZT; 6 Z

HM	ZM	M	HT	ZT	T	H	Z	E
			5	3	4	8	6	7	1

6 In diesen Städten lebten 1990 so viele Menschen:

New York: neun Millionen einhundert**tausend**

São Paulo: zwölf Millionen sechshundert**tausend**

Tokio: acht Millionen dreihundert**tausend**

Schanghai: elf Millionen neunhundert**tausend**

Kairo: vierzehn Millionen zweihundert**tausend**

Kalkutta: neun Millionen zweihundert**tausend**

Mexico City: fünfzehn Millionen

Groß-Paris: acht Millionen fünfhundert**tausend**

Lies die Zahlen und schreibe sie in dein Heft. Welche der hier aufgeführten Städte hat die meisten Einwohner?

1 Spiel: Wer findet die größte Zahl?

Ingo zieht diese sechs Zahlenkärtchen:

7 4 3 1 9 8

Er legt mit den Kärtchen 6stellige Zahlen.

a) Schreibe 5 Zahlen auf,
   die Ingo gelegt haben kann.
b) Finde die größte Zahl,
   die Ingo hätte legen können.
c) Finde die kleinste Zahl.

2 Die Kinder spielen mit Zahlenkärtchen.

Klaus | 2 4 7 3 7 5   Tobias | 3 2 9 4 9 1   Anne | 2 9 7 6 1 7

Ina | 4 8 3 9 1 2   Christian | 8 7 1 5 8 4   Inge | 9 4 1 2 5 6

a) Finde die größte Zahl, die jedes Kind mit seinen Karten legen kann.
b) Ordne die Zahlen nach der Größe.
c) Welches Kind kann die kleinste Zahl legen?

3 Setze das richtige Zeichen: < oder >

a) 58 270 ☐ 85 270   b) 33 233 ☐ 32 333   c) 42 424 ☐ 24 242
    378 421 ☐ 378 241   414 444 ☐ 441 444   737 373 ☐ 777 333
    481 184 ☐ 184 481   7 707 777 ☐ 7 077 777   606 006 ☐ 606 600
    2 917 300 ☐ 2 918 900   555 515 ☐ 555 551   135 273 ☐ 135 237
    782 450 ☐ 872 450   1 011 111 ☐ 111 111   5 420 000 ☐ 5 419 919

4 Ordne nach der Größe. **Beispiel:** 23 765 < 32 675 < 32 765 < …

341 827
318 472
372 418
487 132
413 782

255 222
552 252
525 252
252 525
552 522

8 423 619
2 834 516
928 376
2 432 870
8 425 910

4 844 444
4 484 444
4 444 844
8 444 444
4 444 484

5 Vergleiche die eingerahmte Zahl mit den Zahlen darunter.

a) 230 470

     230 047
320 340   430 200
     230 740
302 740   230 074
     470 032

b) 2 465 001

2 465 000   4 465 100
     2 645 001
2 564 010   2 165 400
     2 001 465

c) 3 030 909

     3 309 030
3 003 909   3 009 309
     3 390 300
3 009 390   3 300 909
     3 090 903

Schreibe:
230 470 > 230 047
230 470 < 320 340
230 470 ....

1 Ergänze die Tabellen.

a)

Vorgänger	Zahl	Nachfolger
	42 813	
	60 759	
	123 008	
	768 400	
	50 999	
	5 230 000	

b)

Vorgänger	Zahl	Nachfolger
87 888		
639 959		
99 989		
		730 501
		20 001
		6 300 000

2 Schreibe die Zahl auf, die um genau 1 kleiner ist.

Ja! Ich suche den Vorgänger.

a) 25 713
69 784
43 817

b) 346 291
859 460
205 600

c) 628 090
384 000
700 500

d) 1 539 200
5 407 000
530 000

3 Welche Zahl ist genau um 1 größer?

Ich soll den Nachfolger suchen.

a) 28 528
74 317
14 888

b) 623 502
135 790
514 891

c) 2 360 439
236 399
5 829 909

d) 36 999
599 999
1 990 999

4 Suche zu den Zahlen den nächst kleineren Hunderter (Tausender; Zehner).
Schreibe: 562 500 < 562 538 (562 000 < 562 538; 562 530 < 562 538)

a) 352 219
429 526

b) 836 496
248 931

c) 74 312
52 888

d) 8 875 914
4 263 132

e) 5 028 134
7 690 207

5 Finde zu jeder Zahl den nächst größeren Tausender (Zehntausender; Hunderter).
Schreibe: 157 000 > 156 498 (160 000 > 156 498; 156 500 > 156 498)

a) 423 716
781 957

b) 76 253
81 902

c) 345 678
987 654

d) 8 257
42 301

e) 6 315 290
3 507 026

6 Finde den Zehntausender (Hunderttausender), der der vorgegebenen Zahl am nächsten ist.
Schreibe: 237 512 ≈ 240 000 (237 512 ≈ 200 000)

a) 781 370
259 153
663 366

b) 5 432 100
9 876 543
210 900

c) 389 200
4 700 001
99 999

d) 6 723 500
7 092 008
8 530 107

7 Wie viel Kilogramm?

1 Wir zerlegen Zahlen.

> **Beispiel:** 4 8 3 2 9 sind 4 ZT; 8 T; 3 H; 2 Z; 9 E

a)

1	4	7	6	3
7	5	8	2	4
3	0	4	9	1
6	3	1	3	6

b)

4	9	3	6	9
2	1	7	1	2
9	5	8	4	3
2	8	0	1	3	2

c)

8	5	2	3	0	4
		5	2	7	6
	9	3	9	3	0
1	2	1	2	1	2

d)

6	0	3	4	0	8
		5	2	7	9	1
9	0	0	4	6	3
		8	0	0	5

2 Denke dir die Zahlen zuerst in das Zahlenhaus geschrieben.

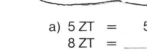

5 ZT →

M	HT	ZT	T	H	Z	E
		5	0	0	0	0

→ 50 000

5 ZT sind 5 Tausender-Stangen oder 50 000.

a) 5 ZT = 50 000
8 ZT = _____
3 HT = _____
7 HT = _____
5 M = _____

b) 3 T
4 ZT
2 HT
6 ZT
1 HT

c) 4 HT
4 H
4 ZT
4 T
4 M

d) 7 ZT
9 HT
8 T
3 M
6 HT

e) 6 Z
9 ZT
5 HT
2 T
8 M

3

M	HT	ZT	T	H	Z	E
		3	5	8	2	4
		3	0	0	0	0
+			5	0	0	0
+				8	0	0
+					2	0
+						4

Du weißt jetzt, was die einzelnen Stellen bedeuten.
Schreibe ebenso. Du kannst es bestimmt schon ohne Zahlenhaus.

a) 81 346
29 713
48 625
53 283

b) 345 123
52 691
729 596
4 305

c) 50 237
609 253
2 045 540
720 300

d) 402 300
40 230
4 023 000
4 023

4 Schreibe als eine Zahl. Denke zuerst daran, wie viel HT (ZT; T; ...) es sind.

	2	0	0	0	0	0
+	7	0	0	0	0	
+		3	0	0	0	
+			9	0	0	
+				4	0	
+					1	
	2	7	3	9	4	1

a)   50 000
+   3 000
+   700
+   20
+   5
‾‾‾‾‾‾‾‾

b)   600 000
+   90 000
+   5 000
+   200
+   10
+   2
‾‾‾‾‾‾‾‾

c)   4 000 000
+   700 000
+   2 000
+   500
+   60
+   3
‾‾‾‾‾‾‾‾

d)   100 000
+   70 000
+   4 000
+   600
+   20
+   8
‾‾‾‾‾‾‾‾

5 Kannst du auch dies schon? Schreibe wiederum als eine Zahl.

	8	0	0	0	0	0
+			9	0	0	
+					5	
+		6	0	0	0	0
+				7	0	
+			4	0	0	
	8	6	4	9	7	5

a)   70 000
+   400
+   5
+   20
+   8 000
‾‾‾‾‾‾‾‾

b)   6 000
+   20 000
+   400
+   800 000
+   30
+   5
‾‾‾‾‾‾‾‾

c)   700 000
+   1
+   10
+   100
+   1 000
+   10 000
‾‾‾‾‾‾‾‾

d)   800
+   4 000
+ 9 000 000
+   7
+   30
+   600 000
+   50 000
‾‾‾‾‾‾‾‾

6 Aus den folgenden Zahlen kannst du auch immer eine Zahl schreiben.

a) 40 000 + 6 000 + 800 + 90 + 2
b) 100 000 + 20 000 + 4 000 + 50
c) 500 000 + 80 000 + 600 + 10 + 2
d) 2 000 000 + 400 000 + 5 000 + 800
e) 7 000 000 + 70 000 + 700 + 70

f) 5 000 + 30 000 + 400 + 2 + 60
g) 500 + 300 000 + 40 000 + 2 000 + 6
h) 5 + 30 + 4 000 000 + 200 + 6 000
i) 30 000 + 8 000 000 + 9 000 + 20 + 4
j) 60 + 600 000 + 6 000 + 6 + 600

1

Wir bedanken uns bei 31 637 Zuschauern für ihren Besuch.

a) Hans berichtet seinem Vater:

Es waren ungefähr 30 000 Zuschauer.

Hat Hans etwas Falsches gesagt?

b) In der Zeitung steht:
Rund 32 000 Zuschauer sahen das Spiel.
Ist in der Zeitung richtig berichtet worden?

Die Zahl von Hans und die Zahl in der Zeitung sind gerundet!

2

Gerundete Zahlen kann man sich viel besser merken.

Stimmt die Aussage von Tina? Probiere es aus.

genaue Zahl	gerundete Zahl
617 312	600 000
4 298	4 000
47 183	47 000
39 279	40 000

3 Hans rundet auf Zehner.
a) Kannst du eine Regel entdecken?

H	Z	E		H	Z	E
	4	3	→		4	0
	4	6	→		5	0
1	4	9	→	1	5	0
4	4	4	→	4	4	0
	4	5	→		5	0

b) Runde auf Zehner.

47
43
217
538
2 351
8 255

4 Tina rundet auf Hunderter.
a) Finde auch hier eine Regel.

ZT	T	H	Z	E		ZT	T	H	Z	E
		4	9	1	→			5	0	0
		4	3	9	→			4	0	0
	3	4	7	6	→		3	5	0	0
	4	3	4	9	→		4	3	0	0
7	6	0	5	0	→	7	6	1	0	0

b) Runde auf Hunderter

435
479
4 346
4 390
76 540
237 048

> **Wir runden auf, wenn nach der Stelle eine 5 oder eine größere Zahl steht.**
> **Sonst runden wir ab.**

5 Wer kann auf Tausender runden?

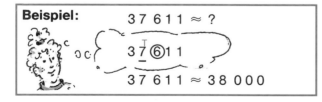

Beispiel: 37 611 ≈ ?

37 $\underline{6}$ 1 1

37 611 ≈ 38 000

a)	b)	c)
37 426	8 217	428 296
37 812	42 713	27 506
37 500	59 295	555 555
37 399	39 816	878 191

6 Runde

a) auf Zehntausender	b) auf Hunderttausender	c) auf Millionen
42 326	123 456	8 326 459
87 252	760 526	35 708 050
349 599	3 482 000	6 800 250
823 140	46 803 504	54 301 827
1 691 002	5 250 318	9 627 000

1 Wer spielt mit uns Zahlenraten?

Meine Zahl hat 3 Tausender mehr.

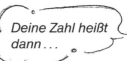

Mit dieser Zahl spielen wir:

HT	ZT	T	H	Z	E
2	5	4	3	1	7

2	5	7	3	1	7

Deine Zahl heißt dann ...

Dann heißt deine Zahl ...

Tom: 3 Tausender-Stangen (Zehntausender) mehr

Tina: 6 Tausender-Platten (Hunderttausender) mehr

Gabi: 5 Tausender-Würfel (Tausender) mehr

Dirk: 3 Platten (Hunderter) mehr

Meike: 2 Millionen-Würfel (Millionen) mehr

Anna: 4 Tausender-Stangen (Zehntausender) weniger

Tobias: 2 Tausender-Platten (Hunderttausender) weniger

Ina: 5 Stangen (Zehner) weniger

Klaus: 1 Tausender-Würfel (Tausender) weniger

Frank: 1 Millionen-Würfel (Million) weniger

2 Wer kann die Zahlen finden, die sich Markus gedacht hat?

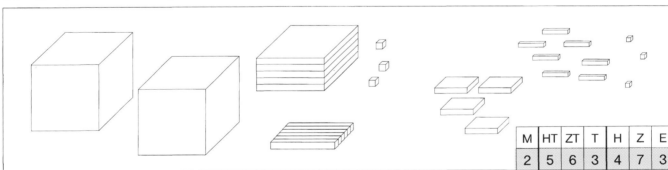

M	HT	ZT	T	H	Z	E
2	5	6	3	4	7	3

a) 2 Zehntausender (Tausender-Stangen) mehr

4 Tausender (Tausender-Würfel) mehr

3 Hunderttausender (Tausender-Platten) mehr

1 Zehner (Stange) mehr

4 Millionen (Millionen-Würfel) mehr

b) 4 Hunderttausender (Tausender-Platten) weniger

6 Zehntausender (Tausender-Stangen) weniger

3 Hunderter (Platten) weniger

3 Tausender (Tausender-Würfel) weniger

2 Millionen (Millionen-Würfel) weniger

1 Wie heißt die Zahl?

a)

M	HT	ZT	T	H	Z	E
4	3	1	7	2	4	8

4 Zehntausender mehr						
5 Hunderter mehr						
6 Hunderttausender mehr						
7 Tausender weniger						
2 Millionen weniger						
3 Zehner weniger						

b)

ZM	M	HT	ZT	T	H	Z	E
3	5	9	0	3	7	8	0

dreitausend mehr							
zwei Millionen mehr							
siebzigtausend mehr							
fünfhundert weniger							
fünfhunderttausend weniger							
fünf Millionen weniger							

2

Zahl	42 760	4 600	733 512	502 703	91 900
a) 5 000 *mehr*					
b) 4 100 *mehr*					

3

Zahl	85 421	370 502	791 300	41 234	555 555
a) 40 000 *weniger*					
b) 30 200 *weniger*					

4

a)

Zahl	61 576	803 416	777 000	56 003	
20 000 *mehr*					620 000

b)

Zahl	623 490	976 200	1 570 057		500 010
500 000 *weniger*				303 000	

c)

Zahl	243 728			3 405 600	
32 000 *mehr*		853 450	99 990		1 209 710

5 Welche Zahlen liegen dazwischen?

a) Immer 1 Tausender (tausend) mehr

3 412 715
⋮
3 419 715

b) Immer 1 000 mehr

700 234
⋮
712 234

c) Immer 1 Hunderter (hundert) mehr

520 430
⋮
521 330

d) Immer 100 mehr

2 316 000
⋮
2 317 300

e) Immer 1 Zehntausender (zehntausend) mehr

2 385 702
⋮
2 475 702

f) Immer 10 000 mehr

762 000
⋮
853 000

g) Immer 1 Hunderttausender (hunderttausend) weniger

2 573 451
⋮
1 873 451

h) Immer 100 000 weniger

2 540 360
⋮
1 640 360

1 Wie groß ist der Unterschied?

| 3 | 5 | 4 | 2 | 0 | 0 |

Der Unterschied beträgt 5 Tausender.

| 3 | 5 | 9 | 2 | 0 | 0 |

a)

1. Zahl	82 700	314 000	576 300
Unterschied	4 H		
2. Zahl	82 300	312 000	570 300

b)

1. Zahl	4 236 500	43 417	352 900
Unterschied			
2. Zahl	4 296 500	43 817	852 900

2

1. Zahl	24 000	283 500	4 314 720	92 713	709 575	61 616
Unterschied	2 000					
2. Zahl	26 000	288 500	4 014 720	92 773	799 575	66 616

3 Finde immer Zahlen, die zum gegebenen Unterschied passen.

1. Zahl	3 500	17 370	34 126	84 925	782 500	470 000	3 500 000
Unterschied	400	200	3 000	4 000	10 000	30 000	500 000
2. Zahl	3 900						

4 Finde 2 Zahlen – eine größere und eine kleinere.

a) Immer 3 000 Unterschied

b) Immer 20 000 Unterschied

c) Immer 600 000 Unterschied

d) Immer 2 500 Unterschied

5 Schreibe den Unterschied in dein Heft.

a) 35 270
   39 270

b) 863 000
   163 000

c) 5 420 000
   2 420 000

d) 67 425
   70 425

e) 999 333
   909 333

6 Den Unterschied bei diesen Zahlen findest du auch.

a) 250 730
   230 530

b) 7 600 000
   5 200 000

c) 12 930
   27 930

d) 444 200
   884 200

e) 59 270
   51 230

7 Setze die Zahlenfolgen fort.

a) 21 000; 24 000; 27 000; ....; 39 000
b) 760 000; 740 000; 720 000; ....; 620 000
c) 1 550 000; 1 600 000; 1 650 000; ....; 1 900 000
d) 825 000; 800 000; 775 000; ....; 650 000
e) 5 200 000; 5 600 000; 6 000 000; ....; 7 200 000

1 *Diese Aufgaben sind jetzt ganz leicht.*

Klar! Gleiche Bündelsorten kommen immer zu gleichen Bündelsorten.

a)

HT	ZT	T	H	Z	E
3	4	2	7	6	2
+ 4	2	3	2	1	6

M	HT	ZT	T	H	Z	E
4	3	2	0	2	5	4
+ 4	3	2	3	5	2	4

b)

M	HT	ZT	T	H	Z	E
7	2	5	6	3	1	6
+ 2	4	0	3	4	4	2

HT	ZT	T	H	Z	E
6	1	0	3	0	5
+ 3	2	5	0	6	2

M	HT	ZT	T	H	Z	E
2	3	4	0	2	0	5
+ 4	0	4	3	2	5	0

M	HT	ZT	T	H	Z	E
2	4	5	0	0	5	2
+ 3	0	2	0	3	4	5

c)

2	7	6	1	4	2	7
+ 3	2	3	4	5	6	2

4	9	4	4	9	4
+ 2	0	2	2	0	2

7	0	3	5	6	2	0
+ 2	0	6	3	2	0	0

8	2	3	4	0	2	0
+		4	0	3	2	4	0

d)

		3	2	0	5	6
+ 2	4	3	2	0	0	1

	4	2	5	6
+ 2	0	4	2	3	3

2	3	0	0	0	2	3
+			2	3	4	5	6

8	0	0	0	2	0	0
+			2	0	0	0	2

2 Schreibe richtig untereinander und rechne.

a) 205306 + 702203
324027 + 34852
4220 + 504530

b) 3467000 + 1400268
6023401 + 35408
40332 + 4040404

3

Mit Geld rechnen wir wie mit den Rechenblocks.

Gleiche Scheine gehören zusammen.

M	HT	ZT	T	H	Z	E
2	2	2	3	3	4	3
+						

M	HT	ZT	T	H	Z	E
1 000 000	100 000	10 000	1000	100	10	①
1 000 000	100 000	10 000	1000	100	10	①
			1000	100	10	①
					10	
1 000 000	100 000	10 000	1000	100	10	①
			1000	100	10	①
			1000		10	①
					10	

M	HT	ZT	T	H	Z	E
3	4	6	5	4	1	2 €
+ 3	4	2	3	1	4	6 €
						€

M	HT	ZT	T	H	Z	E
6	2	1	2	3	1	0 €
+	4	0	7	4	8	8 €
						€

M	HT	ZT	T	H	Z	E
8	3	0	2	4	1	7 €
+	5	5	5	5	0	0 €
						€

4 In der Zeitung stand:

a) Ein Schulneubau war mit 4 650 000€ veranschlagt. Er kostete 1 240 000 € mehr.

b) Hessen hatte im vergangenen Jahr 5 525 000 Einwohner. In diesem Jahr sind es 10 300 Personen mehr.

1 Zwei Rechenarten – das gleiche Ergebnis.

| Du erinnerst dich: Bei Minusaufgaben gibt es zwei Arten zu rechnen. |

Ich subtrahiere.
Dabei rechne ich von oben nach unten.

6 Einer minus 4 Einer gleich 2 Einer.

7 Zehner minus 3 Zehner gleich 4 Zehner.

Rechen-Beispiel:

M	HT	ZT	T	H	Z	E
	8	4	2	5	8	7	6
−	4	1	1	4	3	3	4
						4	2

Ich ergänze.
Dabei rechne ich von unten nach oben.

4 Einer plus 2 Einer gleich 6 Einer.

3 Zehner plus 4 Zehner gleich 7 Zehner.

2 Rechne nun wie Tom oder Gabi.

a)

M	HT	ZT	T	H	Z	E
	8	7	6	3	4	9	8
−	7	4	2	2	3	7	4

M	HT	ZT	T	H	Z	E
	6	4	0	9	9	7	4
−	5	3	0	4	4	6	4

M	HT	ZT	T	H	Z	E
	3	6	7	6	4	9	8
−		5	4	4	4	8	7

M	HT	ZT	T	H	Z	E
	8	6	5	6	0	9	6
−		6	4	5	0	4	1

b)

M	HT	ZT	T	H	Z	E
	7	0	6	8	6	8	6
−			4	8	2	4	6

M	HT	ZT	T	H	Z	E
	6	3	0	4	2	8	5
−		3	0	4	2	8	4

M	HT	ZT	T	H	Z	E
	9	7	2	4	0	8	5
−	6	0	1	4	0	2	3

M	HT	ZT	T	H	Z	E
	7	3	6	0	1	5	9
−		3	1	0	1	3	7

3 Kannst du schon ohne Zahlenhaus rechnen?

```
    4 3 7 4 9 0 8        6 0 3 6 8 4 7        7 3 4 9 5 6 7        6 4 3 0 0 5 0
  − 2 0 5 4 7 0 7      − 1 0 2 6 5 4 6      −     1 8 5 4 7      −     2 0 0 4 0
```

4 Schreibe untereinander und rechne.

a) 9427612 − 8416610   b) 5432900 − 5432800
   8777666 − 555546   500920 − 400820
   987065 − 84064   6006606 − 5000500

5 Denke daran: Wir rechnen mit Geld wie mit Rechenblocks.

a)
```
    3 8 7 6 5 4 2 €        6 7 8 3 1 2 €        7 0 4 3 2 €        9 4 6 5 0 8 €
  − 2 6 5 1 4 0 1 €      −     5 8 2 1 2 €      − 1 0 4 2 1 €      − 7 3 2 0 0 0 €
```

b)
```
    7 6 4 3 4 2 4 €        6 3 4 0 0 0 €        7 5 4 0 0 €        6 0 6 0 6 0 €
  −     6 4 1 4 2 4 €      − 3 3 4 0 0 0 €      −   4 4 0 0 €      − 3 0 2 0 5 0 €
```

6 In der Zeitung stand:

a) Von 854 000 Bäumen sind 430 000 krank.
b) das neue Schwimmbad sollte 3 484 000 € kosten.
   250 000 € wurden eingespart.

Denke daran: Jeweils 10 ergeben ein neues Bündel.

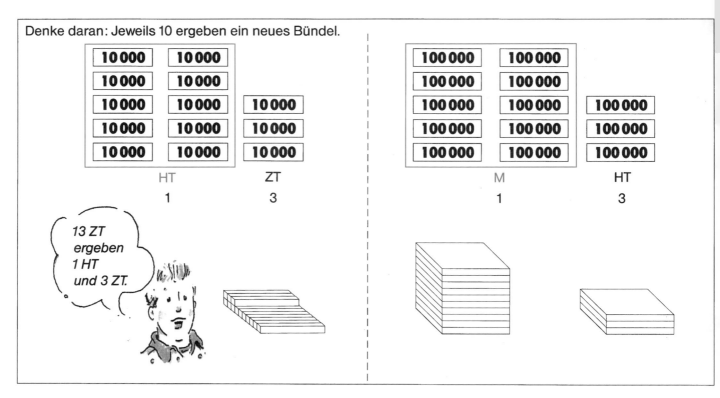

13 ZT ergeben 1 HT und 3 ZT.

1 Welche neuen Bündel entstehen? Schreibe in dein Heft.

Beispiel:

HT	ZT	
	8	13 ZT = 1 HT + 3 ZT
+	5	
1	3	

M	HT		ZT	T		T	H		H	Z		Z	E		ZT	T		HT	ZT
	7			5			6			4			7			9			8
+	7		+	9		+	7		+	8		+	8		+	7		+	7

2 Hier musst du manchmal in Gedanken bündeln. Ordne die neuen Bündel sofort richtig ein.

Beispiel:

	M	HT	ZT	T	H	Z	E
	3	4	6	4	7	4	8
+	2	4	6	8	2	3	5
	5	9	3	2	9	8	3

a)

	M	HT	ZT	T	H	Z	E
	4	6	7	3	4	8	2
+	4	6	1	2	7	0	9

	M	HT	ZT	T	H	Z	E
	4	9	3	7	8	6	4
+	1	8	3	6	4	2	4

	M	HT	ZT	T	H	Z	E
	8	0	4	6	7	2	0
+	2	0	7	1	1	5	9

b)

	3	6	2	0	4	9	3
+		4	5	0	7	3	4

	8	4	2	3	0	4	9
+		7	0	8	3	8	0

		8	4	0	9	4
+	3	0	7	2	5	4	5

3 Schreibe richtig untereinander und rechne.

a) 1234706 + 643925
   4630908 + 5239764
   8343907 + 746059

b) 8008008 + 8008008
   3603603 + 37037
   5049049 + 7078091

4 Bei der Sammelaktion des DRK wurden im vergangenen Jahr 4 779 400 € gesammelt. Dieses Jahr waren es 1 225 700 € mehr.

5 Die 110 m hohe und 700 m lange Eisenbahnbrücke über das Wildbachtal sollte 4 875 000 € kosten. Sie wurde 679 000 € teurer.

1 Zwei Rechenwege – das gleiche Ergebnis

Aufgabe:	
HT ZT	
3 4	
− 5	
‾‾‾‾‾	

3 Hunderttausender, 4 Zehntausender minus 5 Zehntausender

HT ZT	
• ⑩	
3 4	
− 5	
‾‾‾‾‾	
2 9	

Das rechne ich so

Von 4 Zehntausendern kann ich nicht 5 Zehntausender wegnehmen. Aus 1 Hunderttausender mache ich 10 Zehntausender und rechne dann so:

14 ZT minus 5 ZT gleich 9 ZT
2 HT minus 0 HT gleich 2 HT

HT ZT	
⑩	
3 4	
− 5	
‾‾‾‾‾	
2 9	

Und ich rechne so.

5 ZT plus 9 ZT gleich 14 ZT. Ich habe in Gedanken zu den 4 Zehntausendern 10 dazugelegt, dafür muss ich aber auch 1 Hunderttausender dazulegen.

1 HT plus 2 HT gleich 3 HT

2 Rechne und vergleiche. Welche Aufgabe ist am schwersten?

a)

Z E	H Z	T H	ZT T	HT ZT	M HT
3 2	3 2	3 2	3 2	3 2	3 2
− 5	− 5	− 5	− 5	− 5	− 5

b)

ZT T	Z E	M HT	T H
4 5	4 5	4 5	4 5
− 8	− 8	− 8	− 8

3 Auch diese Aufgaben können wir jetzt rechnen.

a)

M HT ZT T H Z E
4 8 4 9 3 8 1
− 2 3 8 5 7 2 7

M HT ZT T H Z E
5 7 4 9 3 5 2
− 1 4 7 1 8 2 6

M HT ZT T H Z E
5 5 3 2 7 5 4
− 5 1 6 8 3 8 7

M HT ZT T H Z E
5 3 4 9 2 4 3
− 4 8 8 3 4 7 6

b)

M HT ZT T H Z E
4 7 6 3 7 5 4
− 3 5 9 3 3 7 4

M HT ZT T H Z E
9 8 7 0 5 8 0
− 9 4 6 2 2 7 7

M HT ZT T H Z E
8 7 0 0 3 0 0
− 3 2 6 5 1 8 7

M HT ZT T H Z E
6 0 2 8 0 0 3
− 3 0 5 3 5 4 7

4 Kannst du nun schon ohne das Zahlenhaus rechnen?

7 3 6 5 2 1 7
− 6 4 2 7 6 1 0

6 3 4 7 9 2 0
− 4 5 7 2 9 3

8 2 9 1 0 4 5
− 3 9 4 2 5 0 8

6 2 1 3 0 0 4
− 4 9 3 7 5

5 Schreibe untereinander und rechne.

a) 7396043 − 7296341
   8402525 − 6830476

b) 3964700 − 2467618
   8316005 − 49032

c) 2960467 − 43965
   423023 − 49005

6 In der Zeitung stand:

a) Die Umgehungsstraße sollte 2 902 850 € kosten. Sie kostete 248 500 € weniger.

b) Die Einwohnerzahl Hamburgs ist im vergangenen Jahr von 1 593 483 auf 1 584 918 zurückgegangen.

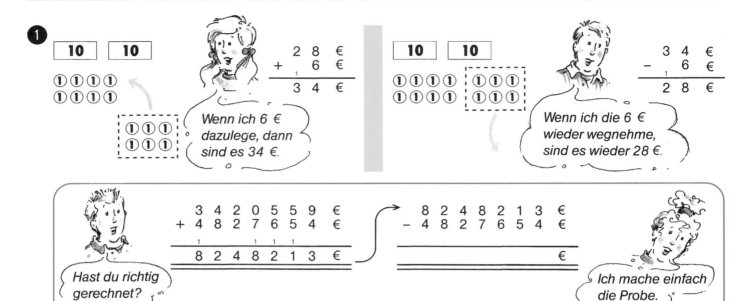

1

| 10 | 10 | | 2 8 € |
| | | + | 6 € |

① ① ① ①
① ① ① ①

┌─────────┐
│ ① ① ① │
│ ① ① ① │
└─────────┘

Wenn ich 6 € dazulege, dann sind es 34 €.

| | | | 3 4 € |

| 10 | 10 | | 3 4 € |
| | | − | 6 € |

① ① ① ① ┌─────────┐
① ① ① ① │ ① ① ① │
        │ ① ① ① │
        └─────────┘

Wenn ich die 6 € wieder wegnehme, sind es wieder 28 €.

| | | | 2 8 € |

```
    3 4 2 0 5 5 9  €          8 2 4 8 2 1 3  €
  + 4 8 2 7 6 5 4  €        − 4 8 2 7 6 5 4  €
  ─────────────────        ─────────────────
    8 2 4 8 2 1 3  €                        €
```

Hast du richtig gerechnet?

Ich mache einfach die Probe.

2 Prüfe, ob richtig gerechnet wurde.

a)
```
    3 6 7 4 2 5  €          9 9 6 2 3 2  €
  + 6 2 8 8 0 7  €        − 6 2 8 8 0 7  €
  ───────────────        ───────────────
    9 9 6 2 3 2  €                      €
```

b)
```
    6 0 9 2 3 7  €          9 3 6 5 2 6  €
  + 3 2 7 2 8 9  €        − [        ]  €
  ───────────────        ───────────────
    9 3 6 5 2 6  €                      €
```

3 Rechne und mache die Probe.

a)
```
    6 3 4 5 0 7
  + 2 5 0 9 6 8
  ─────────────
```

b)
```
    4 3 6 0 5 4 7
  + 3 5 8 2 6 9 2
  ───────────────
```

c)
```
    8 4 0 4 9 1 0
  + 1 4 9 9 2 9 1
  ───────────────
```

d)
```
    5 6 4 3 0 0 7
  + 2 8 7 9 6 5 4
  ───────────────
```

4 Auch hier kann man die Probe durchführen.

a)
```
    6 3 4 9 8 7  €          3 5 6 4 4 4  €
  − 2 7 8 5 4 3  €        + 2 7 8 5 4 3  €
  ───────────────        ───────────────
    3 5 6 4 4 4  €                      €
```

b)
```
    9 0 7 5 4 0  €          [        ]  €
  − 6 3 4 7 6 3  €        + [        ]  €
  ───────────────        ───────────────
               €                      €
```

5 Rechne mit Probe.

a)
```
    7 3 4 8 9 0
  − 2 7 4 3 9 8
  ─────────────
```

b)
```
    9 0 9 8 7 6 5
  − 6 3 2 1 0 9 6
  ───────────────
```

c)
```
    8 3 0 4 7 6 5
  − 5 2 1 9 2 7 9
  ───────────────
```

d)
```
    4 2 3 8 9 6 5
  − 4 1 3 7 8 7 6
  ───────────────
```

6 Schreibe untereinander, rechne und kontrolliere durch die Probe.

a) 3 7 8 5 4 9 + 2 9 8 0 7 6
   4 3 2 9 8 5 − 2 8 7 6 4 0
   3 4 8 9 7 6 + 4 9 6 7 9

b) 9 6 0 7 4 1 2 − 8 3 1 6 2 1 7
   4 7 8 3 0 6 9 + 4 3 8 7 6 5
   8 3 6 5 4 7 − 8 3 6 5 4

7 Für Schnelldenker:

Firma Müller hat 720 500 € auf dem Konto. Sie zahlt davon 320 400 € an Löhnen für die Mitarbeiter aus. Kurz darauf werden 320 400 € von einem Kaufhaus an die Firma Müller überwiesen.
Wie lautet der neue Kontostand der Firma?

1 AUTOHAUS SCHNELL

a) Angebot 1: Modell Sporty

statt 42.460,– nur 37.890,–

b) Angebot 2: Modell LUXUS SXI

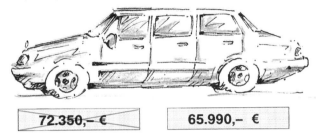

72.350,– €   65.990,– €

c) Angebot 3: Modell Feuerstuhl

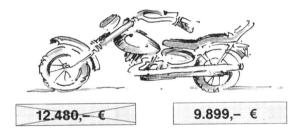

12.480,– €   9.899,– €

2 Von einer Zeitung sollen 68 000 Stück gedruckt werden. 42 750 sind schon gedruckt.

3 In einer Stadt wurden im 1. Halbjahr 482 390 t und im 2. Halbjahr 513 720 t Müll beseitigt.

4 Bei den letzten Bundestagswahlen bekam eine Partei 3 827 516 Stimmen. Das waren 651 274 Stimmen weniger als bei der Wahl zuvor. Wie viele Stimmen hatte die Partei bei der vorangegangenen Wahl erhalten?

5 Der älteste Baum der Welt – eine japanische Sachalintanne – ist 7 240 Jahre alt.
Der älteste Baum Deutschlands steht im Reinhardswald. Die Gerichtslinde Gehrenberg ist 1 400 Jahre alt.
Wie alt war die Sachalintanne, als die Gerichtslinde gepflanzt wurde?

6 Ein Automobilwerk konnte seine Beschäftigtenzahl von 20 738 auf 22 150 erhöhen.
Wie viele neue Arbeitsplätze wurden geschaffen?

7 In die Elbe werden im kommenden Jahr wahrscheinlich 250 000 t Schadstoffe weniger eingeleitet werden. Bisher waren es ca. 1 200 000 t Schadstoffe.

8 Die Arbeitslosenzahl ist im vergangenen Jahr von 4 050 000 auf 3 870 000 gesunken.

1 Wir wechseln in Gedanken.

24 Einer 24 Zehner 24 Hunderter

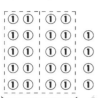 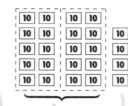

Z	E
2	4

H	Z

T	H

Ich kann hier schon wechseln, ohne das Geld zu sehen.

24 Tausender   24 Zehntausender   24 Hunderttausender

ZT	T

HT	ZT

M	HT

2 Kannst du mit Hilfe des Zahlenhauses wechseln wie im Beispiel?

Beispiel:
35 Zehntausender

HT	ZT
3	5

a)
37 Tausender	58 Hunderter	21 Hunderttausender	30 Zehner	30 Zehntausender	70 Hunderttausender

b)
58 Einer	63 Tausender	10 Zehntausender	48 Hunderter	50 Hunderttausender	60 Zehner

3

Sonderangebot! Schlauchboot nur 999,– €

Tina, Tom und ihre Eltern wollen das Schlauchboot kaufen. Sie legen ihr gespartes Geld zusammen.

Tina hat	148 €
Tom hat	97 €
Mutter hat	397 €
Vater hat	309 €

Reicht das Geld, wenn sie zusammenlegen?

Tom rechnet zuerst die Einer zusammen, dann die Zehner und dann die Hunderter.

	H	Z	E
Tina	1	4	8
Tom		9	7
Mutter	3	9	7
Vater	+ 3	0	9
		3	1
	2	2	
	+ 7		
	9	5	1

Tina rechnet kürzer. Sie wechselt in Gedanken gleich um.

	H	Z	E
Tina	1	4	8
Tom		9	7
Mutter	3	9	7
Vater	+ 3	0	9
	2	3	
	9	5	1

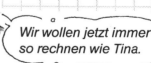

Wir wollen jetzt immer so rechnen wie Tina.

4 Rechne wie Tina.

Beispiel:

```
   2 1 6
 + 4 9 2
 + 1 3 5
 ¹ ¹
 ───────
   8 4 3
```

a)
```
   2 7 3
 +   8 5
 + 3 1 7
```

b)
```
   5 4 2
 + 3 8 4
 +   9 5
```

c)
```
   3 4 2 9
 +     8 1 3
 + 5 4 5 3
```

d)
```
   1 2 3 1 6
 +     8 0 9 2
 +     7 6 0 4
 + 4 2 0 5 8
```

e)
```
   4 2 8 6 0 0
 +     5 2 8 3 4
 + 2 0 8 1 2 4
 + 1 2 3 5 4 6
```

5 Familie Meier will ein neues Zelt kaufen. Es kostet 1 025 €. Gabi hat 204 €, Rosi 290 €, Mutter 427 € und Vater 497 €.

6 Autohaus Flott hat für Reparaturen eingenommen: Montag 1 095 €, Dienstag 2 205 €, Mittwoch 1 790 €, Donnerstag 1 980 € und Freitag 2 090 €.

7 Mutter hat eingekauft und überprüft ihren Kassenzettel.

17. 3. 02
Käse   1,79
Fleisch 7,99
Milch   0,45
10,23

Hans trägt in eine Tabelle ein und rechnet nach.

Das Komma steht zwischen Euro und Cent.

€				ct	
1000	**100**	**10**	**①**	**⑩**	**①**
			1	7	9
			7	9	9
			0	4	5
		1	2	2	
		1	0	2	3

8 Rechne.

a)   24,35 €
  + 2,21 €
_____

b)   7,38 €
  + 12,46 €
_____

c)   43,50 €
  + 52,05 €
_____

d)   39,90 €
  + 26,53 €
  + 17,14 €
_____

e)   59,00 €
  + 29,95 €
  + 41,25 €
_____

9

SUPERMARKT BILLIG

Einnahmen für jede Kasse in € (erste Maiwoche)

	Kasse 1	Kasse 2	Kasse 3	Kasse 4
Montag	12 357,50	11 450,53	8 389,17	7 316,14
Dienstag	9 980,07	10 007,07	8 117,25	7 125,25
Mittwoch	9 073,17	8 599,32	7 005,06	6 972,00
Donnerstag	10 883,15	9 467,98	7 909,08	7 415,89
Freitag	16 398,23	16 587,00	13 270,50	12 980,80
Samstag	13 005,05	12 460,40	10 251,51	9 989,90

a) Wie viel Geld nimmt jede Kasse in der ersten Maiwoche ein? Kannst du dir die unterschiedlichen Einnahmen der einzelnen Kassen erklären?

b) Wie kannst du feststellen, wie viel der Supermarkt an den einzelnen Wochentagen einnimmt?

c) Ordne die Wochentage nach der Höhe der Einnahmen. Kannst du dir auch hier die Unterschiede bei den Einnahmen erklären?

d) Wie viel € hat der Supermarkt in der ganzen Woche eingenommen (umgesetzt)?

e) Wie hoch ist der Gewinn der Firma, wenn sie selbst für die verkauften Waren 187 250,25 €, an Arbeitslöhnen 23 427,50 € und an Betriebskosten 19 369 € bezahlen musste?

10 Schätze:

a) Welche Gesamteinnahmen hat die Firma in einem Monat zu erwarten?

b) Wie hoch werden ungefähr die Einnahmen eines Jahres sein?

1

Der Brocken ist mit 1142 Metern der höchste Berg des Harzes.
Die Zugspitze, der höchste Berg Deutschlands, ist noch 1821 Meter höher.

2 Der Rhein ist 1326 Kilometer lang.
Der Amazonas ist mit 6518 Kilometern der längste Fluss der Erde.
Wie viel Kilometer ist er länger als der Rhein?

3

Ein Autohändler verkauft einen Neuwagen für 24 890 €.
Den Gebrauchtwagen des Kunden nimmt er für 8 500 € in Zahlung.
Wie viel muss der Kunde noch bezahlen?

4 Herr Müller möchte sich ein neues Auto kaufen. Es kostet 27 590 €.
Die Transport- und Überführungskosten betragen 435 €.
Zulassung, Nummernschild und Kfz-Brief 69 €.
Welche Summe muss Herr Müller insgesamt bezahlen?

5

Ein Lkw der Firma Steinbeck wiegt leer 6 862 kg
und hat ein zulässiges Gesamtgewicht von 14 700 kg.
Wie viel kg dürfen höchstens zugeladen werden?

6 Die Entfernung Erde – Mond beträgt 380 000 km. 1969 betraten die Astronauten
des Raumschiffes Apollo erstmals die Mondoberfläche. Nach 8 Tagen schwebten
sie wohlbehalten zur Erde zurück. Welche Entfernung hatten die Astronauten
in ihrem Raumschiff zurückgelegt?

7

Eine Raumsonde fliegt von der Erde zur Venus. Die Entfernung zur Erde
beträgt 41 Millionen km. Die Raumsonde hat bereits 874 390 km
zurückgelegt. Wie weit ist sie noch vom Planeten entfernt?

8 Zu den ersten vier Heimspielen des SV Werder kamen folgende Zuschauer:

1. Heimspiel: 28 375 Zuschauer
2. Heimspiel: 19 914 Zuschauer
3. Heimspiel: 21 417 Zuschauer
4. Heimspiel: 12 820 Zuschauer

a) Wie viele Besucher kamen insgesamt?
b) Zu welchem Heimspiel kam der 50 000. Besucher?

9 Am Abend des 21. 4. schaut Herr Klein auf den Kilometerzähler. Der neue Kilometerstand beträgt 35 012 Kilometer. An diesem Tag ist er genau 681 Kilometer gefahren. Welche Zahl zeigte der Kilometerzähler, als er von zu Hause wegfuhr?

10 Ein Baustoffhändler liefert Ziegel für ein größeres Gebäude. Zunächst bringt er mit seinem Lkw 2 850 Ziegel, dann liefert er nochmals 3 250 Ziegel. Mit Hilfe seines Computers weiß der Händler, dass er jetzt noch 25 400 Ziegel auf seinem Bauhof hat. Wie viel Ziegel hatte der Händler vor der Lieferung?

11 Heute leben rund 5 300 000 000 Menschen auf der Erde. Wissenschaftler nehmen an, dass es im dritten Jahrtausend 11 500 000 000 Menschen sein werden. Errechne die mögliche Zunahme der Weltbevölkerung.

12 Ein Busunternehmen befördert im 1. Vierteljahr 15 780 Personen, im 2. Vierteljahr 14 998 Personen und im 3. Vierteljahr 14 451 Personen. Im gesamten Jahr waren es 64 074 Personen. Wie viele Fahrgäste wurden im 4. Vierteljahr befördert?

13 Fünf Nachbarn bestellen gemeinsam Öl. Jeder von ihnen lässt seinen Tank voll auffüllen. Der erste erhält 3 557 l, der zweite 2 609 l, der dritte 4 126 l, der vierte 1 980 l und der fünfte 5 614 l. Vor der Lieferung zeigte das Zählwerk am Tankfahrzeug folgende Zahl an: 365 082 l. Wie hoch ist der Zählerstand nach der Belieferung der fünf Nachbarn?

14 Bakterien vermehren sich jeweils in 20 Minuten auf das Doppelte. Nach sieben Stunden sind es 2 097 000 Bakterien.
a) Wie viele Bakterien sind es nach weiteren zwanzig Minuten?
b) Wie viele Bakterien sind es nach 1 Stunde?

15 Bei einem Spiel erzielt Tom 14 816 Punkte und Tina 9 378 Punkte. Toms Freund Peter schafft 12 414 Punkte und dessen Schwester Ines 12 028.

a) Welches Geschwisterpaar ist Sieger?
b) Wie viel Punkte hat Tom jeweils mehr erzielt als die übrigen?

16 Familie Abel kauft in einem Möbelhaus eine Schrankwand für 2 998 €, eine Couchgarnitur für 4 298 €, einen Couchtisch für 998 € sowie einen Teppich für 1 459 €. Herr Abel hat 10 000 € vom Konto abgehoben. Reicht das Geld?

17 Weltweit gab es 1990 rund 5 100 000 000 Kraftfahrzeuge. 1985 waren es nur 418 000 000. Wie viel Kraftfahrzeuge sind in nur 5 Jahren dazugekommen?

1 Verschiedene Zahlenstrahlen – dieselben Zahlen?

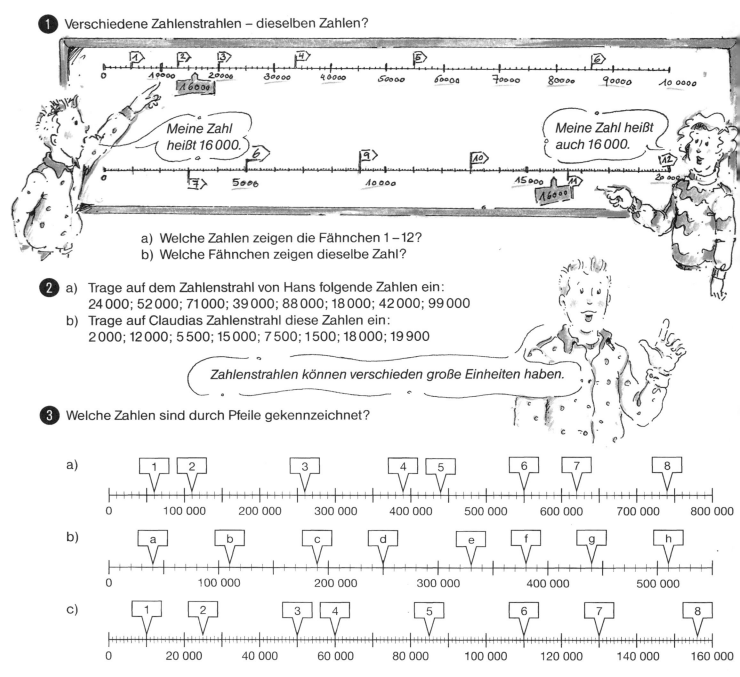

a) Welche Zahlen zeigen die Fähnchen 1 – 12?
b) Welche Fähnchen zeigen dieselbe Zahl?

2 a) Trage auf dem Zahlenstrahl von Hans folgende Zahlen ein:
24 000; 52 000; 71 000; 39 000; 88 000; 18 000; 42 000; 99 000

b) Trage auf Claudias Zahlenstrahl diese Zahlen ein:
2 000; 12 000; 5 500; 15 000; 7 500; 1 500; 18 000; 19 900

Zahlenstrahlen können verschieden große Einheiten haben.

3 Welche Zahlen sind durch Pfeile gekennzeichnet?

a)

| | | | | | | | |
|1|2| |3| |4|5| |6|7| |8|
0   100 000   200 000   300 000   400 000   500 000   600 000   700 000   800 000

b)

|a| |b| |c| |d| |e|f| |g| |h|
0   100 000   200 000   300 000   400 000   500 000

c)

|1| |2| |3|4| |5| |6| |7| |8|
0   20 000   40 000   60 000   80 000   100 000   120 000   140 000   160 000

d) Welche Pfeile zeigen die gleichen Zahlen?

4 Spielt das Spiel: Ich denke mir eine Zahl.

Beispiel:
Uli sagt: „Meine Zahl liegt zwischen 0 und 50 000."
Martina rät: „Heißt die Zahl 20 000?"
Uli: „Meine Zahl ist kleiner."
Martina: „Heißt die 10 000?"
Uli: „Meine Zahl ist größer."
Martina: . . .

1 Gleiche Zahlen – verschiedene Zahlenstrahlen?

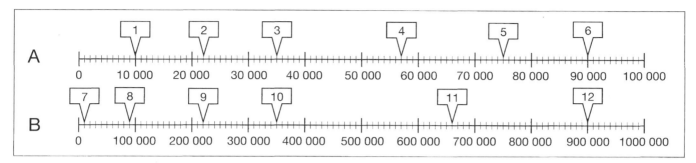

a) Welche Zahlen zeigen die Fähnchen ⌐1⌐ bis ⌐12⌐ ?

b) Gibt es Fähnchen an den Zahlenstrahlen A und B, die die gleiche Zahl zeigen?

c) Versuche, alle markierten Zahlen des Zahlenstrahls A auf dem Zahlenstrahl B zu zeigen.
Was fällt dir auf? Finde eine Erklärung.

Zahlenstrahlen können sehr verschieden aussehen.

2 Zahlenstrahlen müssen nicht immer bei 0 beginnen.

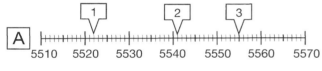 

a) Welche Zahlen zeigen die Fähnchen ⌐1⌐ bis ⌐12⌐ ?

b) Trage die Zahlen 5 511, 5 535 und 5 565 auf dem Zahlenstrahl A ein.

c) Markiere die Zahlen 55 100, 55 360 und 55 650 auf dem Zahlenstrahl B.

d) Trage am Zahlenstrahl C ein: 140 590, 140 710 und 140 790.

e) Markiere auf dem Zahlenstrahl D: 60 531, 60 535 und 60 541.

3 Zwischen welchen Tausendern (Zehntausendern) liegt die angegebene Zahl?

a) 51 323
   59 467
   15 232

b) 122 222
   596 764
   901 818

c) 323 119
   470 010
   731 999

d) 2 691 340
   5 061 403
   1 800 000

4 Welche T (ZT, HT) liegen den in Aufgabe **3** angegebenen Zahlen am nächsten?

1 Wer hat die größte Sonnenblume? Tina und ihre Klassenkameraden messen zu Hause und schreiben auf:

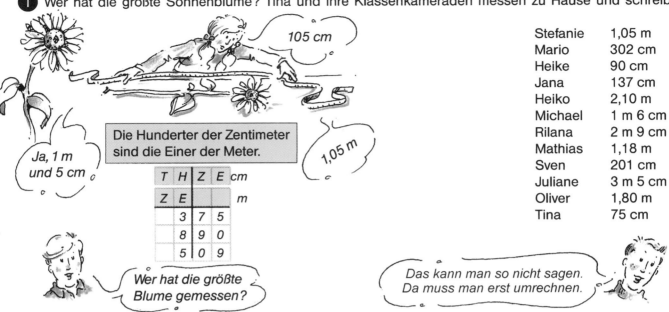

Stefanie	1,05 m
Mario	302 cm
Heike	90 cm
Jana	137 cm
Heiko	2,10 m
Michael	1 m 6 cm
Rilana	2 m 9 cm
Mathias	1,18 m
Sven	201 cm
Juliane	3 m 5 cm
Oliver	1,80 m
Tina	75 cm

105 cm

Ja, 1 m und 5 cm

1,05 m

Die Hunderter der Zentimeter sind die Einer der Meter.

T	H	Z	E	cm
	Z	E		m
	3	7	5	
	8	9	0	
	5	0	9	

Wer hat die größte Blume gemessen?

Das kann man so nicht sagen. Da muss man erst umrechnen.

a) Übertrage untenstehende Tabelle in dein Heft. Fülle sie für alle Kinder aus.
b) Ordne die Maße der Größe nach. Beginne mit der kleinsten Blume.

Name	cm	m	cm	,	m
Stefanie	105 cm	1 m	5 cm	1,05 m	
Mario	302 cm				

2 Kennst du noch die Dezimeter?

1 dm = 10 cm

Die Zehner der Zentimeter sind die Einer der Dezimeter.

H	Z	E	cm
	Z	E	dm
		3	0
	4	2	0

Übertrage und vervollständige die Tabellen:

a)

H	Z	E		→		m		cm	→	,		m
4	6	5	cm									
				→	3	m	1	6 cm	→			
				→					→	8,	1	2 m
7	0	8	cm	→					→			
				→	5	m		9 cm	→			
				→					→	6,	0	1 m

b)

H	Z	E		→		dm		cm	→	,		dm
4	2	1	cm									
				→	6	dm	3	cm	→			
				→					→	4,	7	dm
3	5	4	cm	→					→			
				→	1	5 dm	6	cm	→			
				→					→	1	8,	2 dm

3 Die Kinder haben ihre Körpergröße gemessen. Kannst du sie richtig in die Tabelle eintragen?

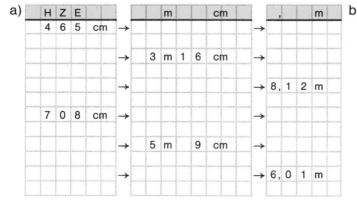

Tina	142 cm	1,42 m	1 m	42 cm
Julia	158 cm			
Mario				
Heike				
Oliver				

1 Wie lang ist das Streichholz?

Etwas länger als 4 cm.

Das ist aber ungenau.

Etwas kürzer als 5 cm.

Wir können die Länge genauer messen.

Damit wir kleinere Gegenstände genauer messen können, teilen wir den Zentimeter in 10 gleiche Teile ein. Wir erhalten Millimeter.

1 cm = 10 mm

Ja, es sind 4 cm 3 mm.

2 5 Striche sind genau 1 mm breit. Welche sind es?

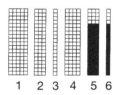

1 2 3 4 5 6

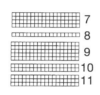

7
8
9
10
11

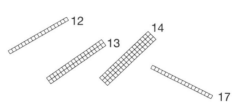

12
13
14
15
16
17

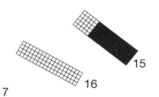

3 Zeichne die Tabelle in dein Heft und trage die Gegenstände ein.

weniger als 1 mm dick	etwa 1 mm dick	mehr als 1 mm dick
	Centstück	

Bleistiftmine – Tulpenstengel – Lineal aus Plastik – Radiergummi –
bunte Pappe – Tischplatte – Plastikfolie – Zahnstocher – Stecknadel.
Suche weitere Gegenstände, die mehr / weniger oder etwa 1 mm dick sind.

4 Wie viele Blätter deines Schreibhefts / Mathematikhefts, wie viele Bastelkartons sind genau 1 mm dick?
Schätze zuerst, miss dann.

5 Schreibe als Millimeter und Zentimeter.

Das Komma steht zwischen Zentimetern (cm) und Millimetern (mm).

43 mm = 4 cm 3 mm = 4,3 cm

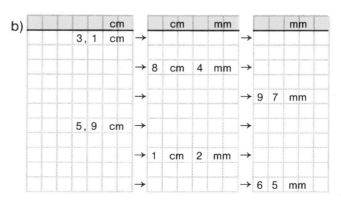

a)

Z	E		
2	5	mm	→

	cm		mm	

		cm	
→			

	→ 7	cm	2 mm	→

→ 1, 9	cm		

	4 6 mm	→

		cm	
→			

→ 5	cm	3 mm	→

		cm	
→ 6, 8	cm		

b)

		cm	
3, 1	cm	→	

	cm		mm	

			mm	
→				

→ 8	cm	4	mm	→

→ 9 7	mm		

5, 9	cm	

→ 1	cm	2	mm	→

→ 6 5	mm		

36 Messen mit Kilometern

1 Beim 1000-m-Lauf

Rundenlänge 400 m

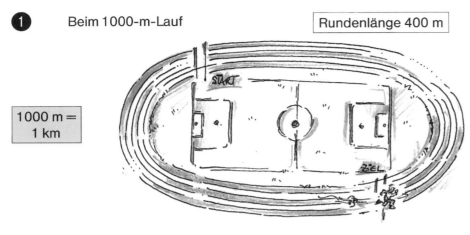

1000 m =
1 km

Du musst noch 2 Runden laufen, bis du 1 Kilometer geschafft hast.

a) Welche Strecke ist Hans schon gelaufen?
b) Wie weit muss er noch laufen?

Die Länge großer Strecken gibt man in Kilometern (km) an.

2

Hier sind die Wanderzeiten vergessen worden, kannst du sie ausrechnen?

3 Kannst du schon die Entfernungstabelle lesen?

Entfernung in km	Berlin	Dresden	Hamburg	Köln	Leipzig	München
Berlin		203	290	572	185	592
Dresden	203		482	590	109	507
Hamburg	290	482		441	382	795
Köln	572	590	441		515	589
Leipzig	185	109	382	515		432
München	592	507	795	589	432	

Wie weit ist es

a) von Hamburg nach München?

b) von München nach Leipzig?

c) von Hamburg nach Berlin?

d) von Dresden nach Köln?

e) von Berlin nach München?

Stelle deinem Nachbarn ähnliche Fragen.

Du erinnerst dich:

Die Tausender der Meter sind die Einer der Kilometer.	Die Hunderter der Zentimeter sind die Einer der Meter.	Die Zehner der Millimeter sind die Einer der Zentimeter.

ZT	T	H	Z	E	m
	Z	E			km
		7	0	1	3

7013 m = 7 km 13 m
7013 m = 7,013 km

T	H	Z	E	cm
	Z	E		m
		4	2	0

420 cm = 4 m 20 cm
420 cm = 4,20 m

H	Z	E	mm
	Z	E	cm
	1	0	5

105 mm = 10 cm 5 mm
105 mm = 10,5 cm

1 Übertrage die Tabellen in dein Heft und fülle sie aus.

Bis zur Kirche ist es 1 Kilometer.

a)

T H Z E (m)	→	km ... m	→	km
9 4 5 0 m	→		→	
	→	2 km 3 8 0 m	→	
	→		→	6,7 2 5 km
5 0 9 6 m	→		→	
	→	3 km 2 7 m	→	
	→		→	1,2 3 0 km

b)

km	→	km ... m	→	T H Z E
8,0 1 7 km	→		→	
	→	4 km 5 0 m	→	
	→		→	3 0 2 5 m
7,0 0 5 km	→		→	
	→	9 km 8 m	→	
	→		→	2 0 0 2 m

c)

km	→	m
5,4 3 4 km	→	
	→	1 2 0 m
0,0 8 5 km	→	
	→	6 8 m
0,0 0 7 km	→	
	→	5 m

2

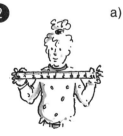

Das Klassenlineal ist genau 1 Meter lang.

a)

m	→	cm
4,0 6 m	→	
	→	9 2 8 cm
0,1 0 m	→	
	→	4 0 cm
0,0 9 m	→	
	→	3 cm

Ein Fingernagel ist etwa 1 Zentimeter breit.

Ein Strich mit dem Filzstift ist etwa 1 Millimeter breit.

b)

cm	→	mm
3 3,6 cm	→	
	→	3 0 mm
2,0 cm	→	
	→	9 mm
0,7 cm	→	
	→	2 mm

3 Bestimme die folgenden Längen. Überlege dir vorher, welche Maßeinheit sinnvoll ist. Kannst du nicht selbst messen, sieh in Büchern nach.

a) Länge eines neuen Bleistifts
b) Dicke deines Schlüssels
c) Länge der Tafelwand
d) Weg von Hannover bis Düsseldorf
e) Länge und Breite einer Spielkarte
f) Umfang der Erde am Äquator
g) Länge und Breite deines Schulhofes
h) Länge und Breite einer Briefmarke

Die Tausender der Gramm
sind die Einer der Kilogramm.

HT	ZT	T	H	Z	E	g
	H	Z	E			kg
			3	6	2	5

3 625 g = 3 kg 625 g = 3,625 kg

1 Tom und Tina prüfen das Gewicht der Erdbeeren.

Sind das wirklich 1000 Gramm Erdbeeren?

Das ist doch kein ganzes Kilogramm.

2 Frau Meier möchte wissen, wie viel Porto die Geschenksendung kostet. Kannst du helfen?

Als Päckchen oder als Paket?

Postgebühren

Paketsendungen	€
Standardpaket	
bis 5 kg	5,20
über 5 bis 6 kg	5,90
über 6 bis 7 kg	6,60
über 7 bis 8 kg	7,30
über 8 bis 9 kg	8,00
Päckchen (bis 2 kg)	3,68

3 Vater möchte 3 Geschenksendungen abschicken. Er packt für Tante Inge, für Heike und Thomas und für Onkel Klaus.

Für Tante Inge	Für Heike und Thomas	Für Onkel Klaus

a) Muss er sie als Paket oder als Päckchen versenden?　　b) Wie viel Porto wird alles zusammen kosten?

4 Stelle selbst 3 verschiedene Päckchen (Pakete) zusammen. Schreibe ihren Inhalt und ihr Gewicht auf.

5 Hans muss verschiedene Pakete zur Post bringen.

a) Trage das Gewicht und das Porto in die Tabelle ein.
b) Welches Gewicht haben die Pakete zusammen?
c) Wie viel Geld für Porto muss Hans mitnehmen?

Gewicht (in kg)	Porto
2,850 kg	

1 So viel kann Janas Vater tragen. Es ist immer etwa ein Zentner.

1 Zentner sind 50 Kilogramm
1 Ztr. = 50 kg

2 Bauer Carlsen verkauft Kartoffeln. Er hat nur noch einen Zentner, aber 6 Kunden stehen noch an.

a) Kann er alle Kunden bedienen?
b) Wer bekommt als letzter seine gewünschten Kartoffeln?
c) Wie viel kg Kartoffeln bleiben noch für den nächsten Kunden?

3 Diesmal hat Bauer Carlsen seine Kartoffeln in Säckchen verpackt.
Wie viele Säckchen von jeder
Sorte kann er aus einem
Zentnersack füllen?
Schreibe so:
1 Zentner ergibt 50 Säckchen zu 1 Kilo;
1 Zentner ergibt ☐ Säckchen zu 2 Kilo; ...

4 Bauer Carlsen hat eine Strichliste gemacht. Wie viele Zentner hat er verkauft?

1 kg	2 kg	5 kg	10 kg
ⅢⅢ ⅢⅢ ⅢⅢ II	ⅢⅢ ⅢⅢ ⅢⅢ I	ⅢⅢ ⅢⅢ ⅢⅢ ⅢⅢ II	ⅢⅢ ⅢⅢ ⅢⅢ ⅢⅢ IIII

5 Welches Gewichtsschild gehört zu welchem Gegenstand?   1 Ztr.   4 Ztr.   14 Ztr.   29 Ztr.

☐ Ztr.　　☐ Ztr.　　☐ Ztr.　　☐ Ztr.

Du erinnerst dich:

1 Doppelzentner

| 1 Ztr. | 1 Ztr. |

| 1 Doppelzentner | = | 100 Kilogramm |
| 1 dz | = | 100 kg |

| 1 Tonne | = | 1000 Kilogramm |
| 1 t | = | 1000 kg |

Das wiegt ungefähr eine Tonne:

1 Auto der
Mittelklasse

13 Männer

98 10-l-Eimer
mit Wasser

20 Waschmaschinen

1 Getreideernte.

Landwirt	Weizen	Roggen	Futtergerste
Carlsen	9 dz	11 dz	16 dz
Hansen	1200 kg	800 kg	500 kg
Sörensen	1 t	2 t	1 t
Wohlers	6 Ztr.	8 Ztr.	10 Ztr.

a) Rechne alle Gewichte in Kilogramm um.
b) Ordne bei jeder Getreideart der Größe nach. Beginne immer mit dem kleinsten Gewicht.
c) Wie viel Weizen (Roggen, Futtergerste) ist es zusammen?
d) Wie viel Getreide hat Landwirt Carlsen (Hansen, Sörensen, Wohlers) geerntet?
e) Wer hat am meisten Getreide geerntet?

2 Zwei Gewichte ergeben zusammen immer 1 Tonne (1 t). Finde mindestens 4 Aufgaben bei a) und bei b).

a)

100 kg	500 kg
600 kg	650 kg	4 dz
	200 kg	350 kg
5 dz		7 dz
300 kg	
8 dz	9 dz

b)

600 kg		824 kg
7 dz	4 dz	2 dz
	950 kg	3 dz
176 kg	8 dz	328 kg	50 kg
672 kg	6 dz	400 kg

Schreibe: 100 kg + 9 dz = 1 t; ...

3 Ein beladener Lastwagen wiegt 15 t. Der leere Lkw wiegt 6 t. Wie viel t wiegt die Ladung?

4 Mutter kauft ein. Im Einkaufswagen liegen 500 g Zucker, 300 g Nüsse, 250 g Butter, 1 kg Mehl, 350 g Reis, 1,5 kg Fleisch, 2 kg Brot, 800 g Wurst. Wie viel wiegt alles zusammen?

Du weißt noch: Die Tausender der Kilogramm sind die Einer der Tonne.

ZT	T	H	Z	E	kg
Z	E				t
	2	7	9	1	

2791 kg = 2,791 t

Das Komma steht zwischen den Tonnen und den Kilogramm.

5 Übertrage die Tabelle ins Heft und fülle sie aus.

T	H	Z	E			t			kg						t
8	7	8	0	kg	→					→					
						→ 0 t		4 3 0	kg	→					
					→					→ 0 , 9 4 0 t					
4	6	0	5	kg	→					→					
						→ 7 t		9 0	kg	→					
					→					→ 2 , 0 1 2 t					
		3	0	kg	→					→					
						→ 8 t		7	kg	→					
					→					→ 6 , 0 0 5 t					

6 Stelle ganze Tonnen her.

Beispiel:
1,995 t +   5 kg = 2 t
1,995 t − 995 kg = 1 t

a)		b)	
1,995 t		8,050 t	
5,183 t		17,080 t	
9,500 t		3,072 t	
11,341 t		29,005 t	
20,275 t		4,002 t	
15,742 t		35,014 t	
2,467 t		39,008 t	
49,948 t		1,200 t	
30,803 t		6,042 t	
13,333 t		16,016 t	

7 Verschiedene Gewichte.

Elefant
Nashorn
Nilpferd
Delphin
Blauwal
Eisbär

Kombi (Mittelklasse)
Kleinbus
Müllwagen
Motorrad
Kleinwagen
Fahrrad

dein Gewicht
Kühlschrank
Dachziegel
deine volle Schultasche
Video-Recorder
Mixer

a) Suche die Gewichte in Büchern oder Katalogen bzw. wiege selbst ab.
b) Ordne jede Gruppe nach der Größe des Gewichts. Beginne dabei immer mit dem kleinsten Gewicht.

8 Mit verschiedenen Gewichtseinheiten kann man leicht rechnen, wenn man das Zahlenhaus benutzt.

HT	ZT	T	H	Z	E	kg
	T	H	Z	E		dz
		H	Z	E		t
	4	0	5	6	3	

Die Hunderter der Kilogramm sind die Einer der Doppelzentner.
100 kg = 1 dz
40 563 kg = 405,63 dz

Die Tausender der Kilogramm sind die Einer der …
1 000 kg = 1 t
40 563 kg = … t

Trage ins Zahlenhaus ein.

Beispiel:
1580 kg = 15,8 dz
= 1,580 t

Schreibe die Gewichte mit drei verschiedenen Bezeichnungen.

a)	b)	c)
1 580 kg	28 dz	2,3 t
27 400 kg	9 dz	8 t
793 kg	145 dz	14,2 t
8 040 kg	3 dz	5,65 t

1 Schreibe Malaufgaben zu den Bildern.

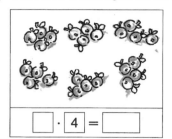 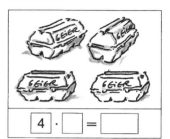 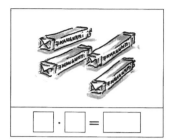 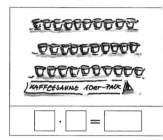

☐ · 4 = ☐   4 · ☐ = ☐   ☐ · ☐ = ☐   ☐ · ☐ = ☐

2 Findest du die dazugehörenden Malaufgaben?

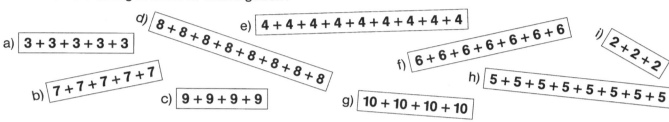

a) $3 + 3 + 3 + 3 + 3$

b) $7 + 7 + 7 + 7 + 7$

c) $9 + 9 + 9 + 9$

d) $8 + 8 + 8 + 8 + 8 + 8 + 8 + 8 + 8$

e) $4 + 4 + 4 + 4 + 4 + 4 + 4 + 4 + 4$

f) $6 + 6 + 6 + 6 + 6 + 6 + 6$

g) $10 + 10 + 10 + 10$

h) $5 + 5 + 5 + 5 + 5 + 5 + 5 + 5$

i) $2 + 2 + 2$

3 Schreibe als Additionsaufgaben.

a) $6 \cdot 3$ b) $2 \cdot 8$ c) $4 \cdot 7$ d) $5 \cdot 2$ e) $4 \cdot 9$ f) $2 \cdot 7$
   $7 \cdot 8$ $6 \cdot 5$ $3 \cdot 6$ $6 \cdot 7$ $3 \cdot 8$ $9 \cdot 8$
   $8 \cdot 5$ $5 \cdot 9$ $2 \cdot 4$ $8 \cdot 3$ $7 \cdot 7$ $7 \cdot 3$

4 Tauschaufgaben: Zu jedem Bild gehören zwei Aufgaben. Kannst du sie finden?

a)

$4 \cdot$ ☐ $=$ ☐

$7 \cdot$ ☐ $=$ ☐

Ich erhalte bei den Tauschaufgaben immer das gleiche Ergebnis.

b)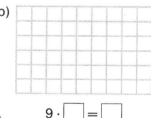

$6 \cdot$ ☐ $=$ ☐

$9 \cdot$ ☐ $=$ ☐

5 Zeichne die entsprechenden Bilder wie in Aufgabe **4** zu:

a) $8 \cdot 5;\ 5 \cdot 8$ b) $6 \cdot 4;\ 4 \cdot 6$ c) $3 \cdot 9;\ 9 \cdot 3$ d) $2 \cdot 8;\ 8 \cdot 2$

6 Schreibe zu den Malaufgaben von Aufgabe **3** die passenden Tauschaufgaben.

Beispiel: $6 \cdot 3 = 3 \cdot 6 = 18$

7 Mit der Verteilungsregel kann man schwierige Einmaleinsaufgaben leichter lösen.

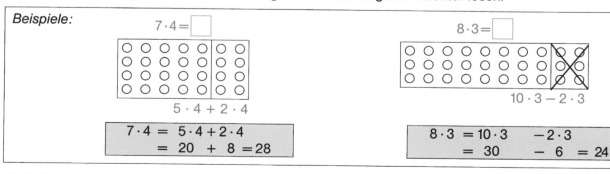

Beispiele:

$7 \cdot 4 =$ ☐

$5 \cdot 4 + 2 \cdot 4$

$$7 \cdot 4 = 5 \cdot 4 + 2 \cdot 4$$
$$= 20 + 8 = 28$$

$8 \cdot 3 =$ ☐

$10 \cdot 3 - 2 \cdot 3$

$$8 \cdot 3 = 10 \cdot 3 \quad - 2 \cdot 3$$
$$= 30 \quad - 6 = 24$$

a) $8 \cdot 7$ b) $4 \cdot 8$ c) $8 \cdot 4$ d) $9 \cdot 6$ e) $7 \cdot 7$ f) $8 \cdot 6$
   $6 \cdot 9$ $9 \cdot 5$ $7 \cdot 3$ $8 \cdot 2$ $9 \cdot 9$ $9 \cdot 7$

1 Wer kann die richtigen Malaufgaben finden?

a) $2 \cdot \square = 16$
$6 \cdot \square = 42$
$3 \cdot \square = 30$
$8 \cdot \square = 24$
$5 \cdot \square = 40$

b) $8 \cdot \square = 48$
$9 \cdot \square = 45$
$3 \cdot \square = 21$
$7 \cdot \square = 56$
$6 \cdot \square = 54$

c) $\square \cdot 4 = 12$
$\square \cdot 7 = 35$
$\square \cdot 6 = 24$
$\square \cdot 2 = 18$
$\square \cdot 8 = 32$

d) $\square \cdot 9 = 36$
$5 \cdot \square = 15$
$\square \cdot 4 = 20$
$9 \cdot \square = 81$
$\square \cdot 7 = 49$

2 Hier kannst du auf verschiedene Weise zum Ergebnis kommen.

Ingo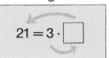
$21 = 3 \cdot \square$

Nicole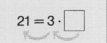
$21 = 3 \cdot \square$

Erkläre, wie Ingo und Nicole rechnen. Denke an die Tauschregel.

Ingo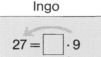
$27 = \square \cdot 9$

Nicole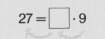
$27 = \square \cdot 9$

a) $48 = 6 \cdot \square$
$36 = 6 \cdot \square$
$54 = 9 \cdot \square$
$72 = 8 \cdot \square$

b) $63 = 7 \cdot \square$
$49 = 7 \cdot \square$
$24 = 6 \cdot \square$
$35 = 5 \cdot \square$

c) $54 = \square \cdot 6$
$27 = \square \cdot 3$
$42 = \square \cdot 7$
$32 = \square \cdot 8$

d) $45 = \square \cdot 5$
$36 = \square \cdot 9$
$56 = \square \cdot 8$
$81 = \square \cdot 9$

3

Tina hat 30 Äpfel.
Jedes Kind soll 6 Äpfel bekommen. Für wie viele Kinder reichen die Äpfel?

Nina rechnet:
$30 = \square \cdot 6$
$30 = 5 \cdot 6$
… Kinder erhalten jeweils 6 Äpfel.

Peter rechnet:
$30 : 6 = \square$
$30 : 6 = 5$, denn
$5 \cdot 6 = 30$
Die Äpfel reichen für …

4 Wie viele Kinder können hier Luftballons (Apfelsinen, Schokoküsse, Spielsteine) bekommen?
Rechne wie Nina und Peter.

Beispiel:
$40 = \boxed{5} \cdot 8$
$40 : 8 = …$

a) $12 = \square \cdot 3$
$18 = \square \cdot 6$
$10 = \square \cdot 5$
$24 = \square \cdot 8$

b) $15 = \square \cdot 5$
$21 = \square \cdot 7$
$32 = \square \cdot 4$
$16 = \square \cdot 4$

c) $42 = \square \cdot 6$
$35 = \square \cdot 7$
$36 = \square \cdot 9$
$36 = \square \cdot 6$

d) $72 = \square \cdot 8$
$64 = \square \cdot 8$
$54 = \square \cdot 6$
$45 = \square \cdot 9$

5 Bilde auch hier zu jeder Aufgabe die Umkehraufgabe.

Beispiel:
$5 \cdot 4 = 20$
$20 : 4 = 5$

a) $7 \cdot 4$
$8 \cdot 3$
$9 \cdot 2$
$4 \cdot 6$

b) $3 \cdot 9$
$8 \cdot 5$
$9 \cdot 4$
$3 \cdot 7$

c) $8 \cdot 4$
$6 \cdot 6$
$7 \cdot 8$
$9 \cdot 7$

d) $9 \cdot 6$
$4 \cdot 3$
$6 \cdot 2$
$5 \cdot 5$

e) $6 \cdot 7$
$7 \cdot 9$
$8 \cdot 8$
$9 \cdot 8$

6 Hier kannst du multiplizieren oder dividieren. Suche möglichst viele Aufgaben.

12
$12 = 6 \cdot 2$
$12 = 2 \cdot 6$
$12 : 6 = 2$
$12 : 2 = 6$
$12 = 3 \cdot 4$
$12 = \ldots$
3 6 4 2

a) **24**

b) **36**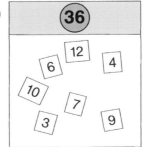

c) **40**

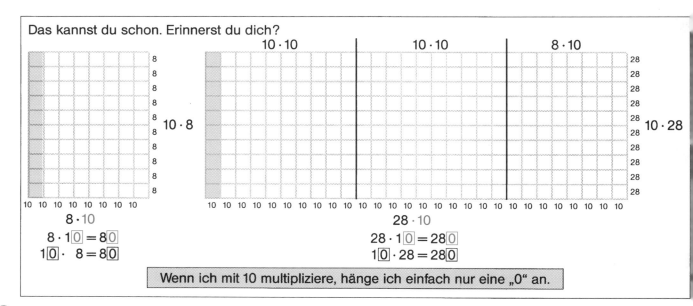

Das kannst du schon. Erinnerst du dich?

$8 \cdot 10 = 80$
$10 \cdot 8 = 80$

$28 \cdot 10 = 280$
$10 \cdot 28 = 280$

Wenn ich mit 10 multipliziere, hänge ich einfach nur eine „0" an.

1 Multipliziere mit 10.

a) $6 \cdot 10 = \square$
$3 \cdot 10 = \square$
$9 \cdot 10 = \square$
$5 \cdot 10 = \square$

b) $12 \cdot 10 = \square$
$27 \cdot 10 = \square$
$75 \cdot 10 = \square$
$36 \cdot 10 = \square$

c) $10 \cdot 29 = \square$
$10 \cdot 63 = \square$
$10 \cdot 84 = \square$
$10 \cdot 39 = \square$

d) $10 \cdot 95 = \square$
$10 \cdot 42 = \square$
$10 \cdot 58 = \square$
$10 \cdot 77 = \square$

e) $56 \cdot 10 = \square$
$10 \cdot 92 = \square$
$48 \cdot 10 = \square$
$10 \cdot 61 = \square$

2 Jetzt multipliziere mit 100.

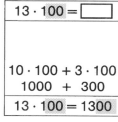

$13 \cdot 100 = \boxed{}$

$10 \cdot 100 + 3 \cdot 100$
$1000 + 300$
$13 \cdot 100 = 1300$

Auch hier gibt es eine Regel.

a) $18 \cdot 100$
$29 \cdot 100$
$43 \cdot 100$
$57 \cdot 100$
$61 \cdot 100$
$72 \cdot 100$

b) $100 \cdot 75$
$100 \cdot 82$
$100 \cdot 94$
$100 \cdot 19$
$100 \cdot 44$
$100 \cdot 26$

c) $52 \cdot 100$
$100 \cdot 73$
$95 \cdot 100$
$100 \cdot 37$
$67 \cdot 100$
$100 \cdot 85$

3 Was stellst du fest?

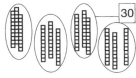
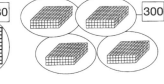
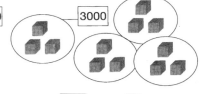

$4 \cdot 3 = 12$
$4 \cdot 30 = 120$
$4 \cdot 300 = 1200$
$4 \cdot 3000 = 12000$

a) $5 \cdot 9$
$5 \cdot 90$
$5 \cdot 900$
$5 \cdot 9000$

b) $8 \cdot 7$
$8 \cdot 70$
$8 \cdot 700$
$8 \cdot 7000$

c) $4 \cdot 6$
$4 \cdot 60$
$4 \cdot 600$
$4 \cdot 6000$

d) $9 \cdot 3$
$9 \cdot 30$
$9 \cdot 300$
$9 \cdot 3000$

4 Zerlege zuerst, dann rechne.

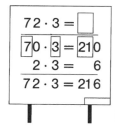

$72 \cdot 3 = \square$
$70 \cdot 3 = 210$
$2 \cdot 3 = 6$
$72 \cdot 3 = 216$

Kannst du schon die eine oder andere Aufgabe „im Kopf" lösen?

a) $12 \cdot 4$
$11 \cdot 7$
$13 \cdot 3$
$14 \cdot 2$

b) $21 \cdot 8$
$44 \cdot 2$
$32 \cdot 4$
$53 \cdot 3$

c) $59 \cdot 3$
$92 \cdot 8$
$74 \cdot 6$
$37 \cdot 5$

d) $67 \cdot 2$
$43 \cdot 4$
$85 \cdot 9$
$37 \cdot 6$

e) $3 \cdot 63$
$4 \cdot 82$
$2 \cdot 34$
$7 \cdot 71$

f) $6 \cdot 48$
$8 \cdot 53$
$5 \cdot 96$
$9 \cdot 27$

g) $56 \cdot 7$
$4 \cdot 82$
$39 \cdot 8$
$6 \cdot 75$

h) $5 \cdot 48$
$63 \cdot 9$
$3 \cdot 37$
$84 \cdot 6$

1 Eine Schule kauft 3 Musikanlagen. Jede kostet 321 €. Was kosten sie zusammen?

Tom addiert:

```
  321 €
+ 321 €
+ 321 €
  963 €
```

Tina multipliziert:

```
H  Z  E
3  2  1  · 3
9  6  3
```

3 mal 1 E gleich 3 E.
3 mal 2 Z gleich 6 Z.
3 mal 3 H gleich 9 H.

Rechne nun wie Tina.

a)
```
H  Z  E
3  4  1  · 2
```

b)
```
H  Z  E
2  1  2  · 4
```

c)
```
H  Z  E
2  3  1  · 3
```

d)
```
T  H  Z  E
1  4  4  3  · 2
```

e)
```
T  H  Z  E
2  1  2  1  · 4
```

2 Auch diese Aufgaben kannst du schon rechnen.

Denke daran: 0 · 3 = 3 · 0

Beispiel:
```
T  H  Z  E
3  1  2  4  · 2
6  2  4  8
```

a) 3321 · 3
2144 · 2
2122 · 4
3132 · 3

b) 4032 · 2
2330 · 3
2102 · 4
3420 · 2

c) 1002 · 4
2200 · 3
4030 · 2
2010 · 4

d) 2440 · 2
2002 · 4
3100 · 3
4302 · 2

3 Hier musst du an das Bündeln denken.

```
ZT  T  H  Z  E
    5  7  8  4  · 3
             1  2
          2  4
       2  1
    1  5
    1  7  3  5  2
```

Sprich dazu:

3 · 4 E = 12 E = 2 E + [1 Z]
3 · 8 Z = 24 Z = 4 Z + [2 H]
3 · 7 H = 21 H = 1 H + [2 T]
3 · 5 T = 15 T = 5 T + [1 ZT]

Ich merke mir die Umwandlungszahl und addiere sie bei der nächsten Stelle.

```
ZT  T  H  Z  E
    5  7  8  4  · 3
    1  7  3  5  2
```

a)
```
T  H  Z  E
2  1  7  2  · 4
```

b)
```
T  H  Z  E
1  5  2  6  · 3
```

c)
```
ZT  T  H  Z  E
    5  2  3  6  · 7
```

d)
```
ZT  T  H  Z  E
    8  1  4  6  · 8
```

e)
```
ZT  T  H  Z  E
    7  0  8  6  · 5
```

4 Rechne schriftlich im Heft. Bei diesen Aufgaben musst du ein wenig aufpassen.

a) 4384 · 5
5817 · 6
7135 · 8

b) 8204 · 7
6073 · 9
2890 · 4

c) 26390 · 8
59087 · 3
67220 · 5

d) 73009 · 2
38708 · 4
54087 · 7

5 Zeichne eine Tabelle in dein Heft und trage die Ergebnisse ein.

•	3	5	7	9	4	6
1 352						
4 807						
38 964						

6 Eine Computerfirma verkauft an einem Tag 7 Computer zu je 1 899 €.

7 In einer Ziegelei werden pro Tag 3 650 Ziegel hergestellt. In der Woche wird an 5 Tagen gearbeitet. Wie viele Ziegel werden in einer Woche hergestellt?

8 Berechne das Neunfache der Zahl 21 047.

9 Eine Firma kauft 4 Kleinwagen zum Preis von 12 899 €.

Diese Aufgabe sieht schwer aus. Ist sie das auch?

26 · 30

Ich hab's!

Tina rechnet:

26 · 30 = ☐
20 · 30 = 600
6 · 30 = 180
26 · 30 = 780

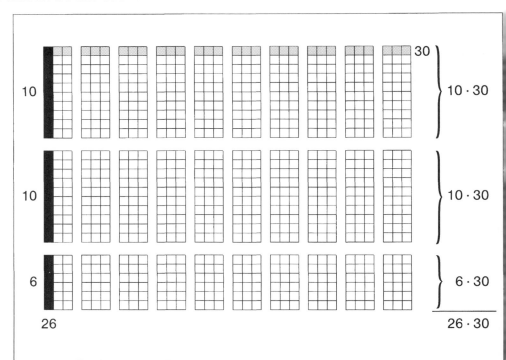

❶ Rechne wie Tina. Zerlege zuerst.

a) 43 · 20
   53 · 30
   82 · 40
   71 · 50

b) 85 · 60
   38 · 70
   92 · 30
   23 · 90

c) 45 · 80
   21 · 20
   29 · 70
   72 · 40

d) 56 · 40
   33 · 70
   95 · 20
   67 · 50

❷ Diese Aufgaben kannst du nun auch schon.

Beispiel:
26 · 300 = ☐
20 · 300 = 6000
6 · 300 = 1800
26 · 300 = 7800

a) 43 · 200
   53 · 300
   82 · 400
   71 · 500

b) 91 · 600
   73 · 300
   35 · 700
   44 · 600

c) 52 · 800
   27 · 900
   16 · 500
   99 · 400

❸ Löse auch diese Aufgaben schrittweise. Denke an die Tauschregel.

a) 30 · 24
   50 · 46
   70 · 63
   90 · 85

b) 40 · 73
   20 · 98
   60 · 32
   80 · 54

c) 300 · 12
   800 · 49
   200 · 38
   700 · 68

d) 4000 · 71
   5000 · 18
   9000 · 62
   8000 · 57

❹

Ich kenne eine Zahl, die ist 500mal so groß wie 18.

An welche Zahl denkt Klaus?

❺

Ich bin in diesem Monat 16mal 400 m gelaufen.

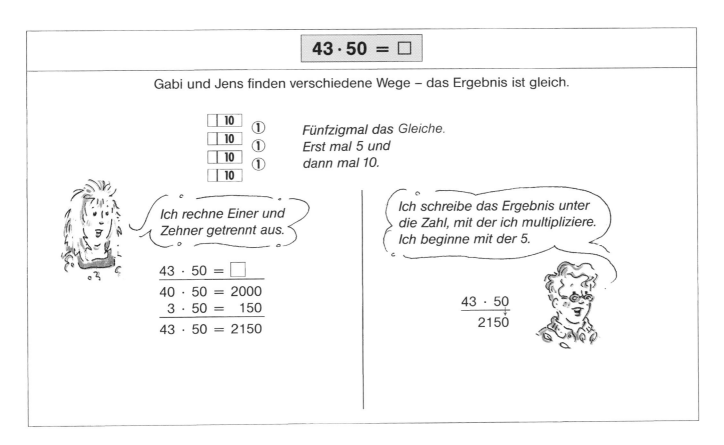

$43 \cdot 50 = \square$

Gabi und Jens finden verschiedene Wege – das Ergebnis ist gleich.

Fünfzigmal das Gleiche.
Erst mal 5 und
dann mal 10.

Ich rechne Einer und
Zehner getrennt aus.

Ich schreibe das Ergebnis unter
die Zahl, mit der ich multipliziere.
Ich beginne mit der 5.

$43 \cdot 50 = \square$
$40 \cdot 50 = 2000$
$3 \cdot 50 = \ \ 150$
$43 \cdot 50 = 2150$

$43 \cdot 50$
2150

1 Rechne wie Gabi und Jens. Was fällt dir auf?

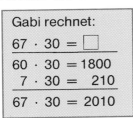

Gabi rechnet:
$67 \cdot 30 = \square$
$60 \cdot 30 = 1800$
$7 \cdot 30 = \ \ 210$
$67 \cdot 30 = 2010$

a) $38 \cdot 20$
$47 \cdot 50$
$93 \cdot 60$
$87 \cdot 70$

Jens rechnet:
$67 \cdot 30$
2010

b) $38 \cdot 20$
$47 \cdot 50$
$93 \cdot 60$
$87 \cdot 70$

So wie Gabi rechnet, verstehe ich es am besten.
Am schnellsten rechne ich aber, wenn ich so rechne wie Jens.

2 Rechne wie Jens.

a) $67 \cdot 40$
$58 \cdot 30$
$76 \cdot 80$
$25 \cdot 60$

b) $73 \cdot 90$
$82 \cdot 40$
$51 \cdot 50$
$36 \cdot 70$

c) $85 \cdot 20$
$75 \cdot 60$
$93 \cdot 30$
$64 \cdot 10$

d) $95 \cdot 40$
$71 \cdot 20$
$58 \cdot 70$
$46 \cdot 50$

*e) $17 \cdot 200$
$27 \cdot 400$
$42 \cdot 700$
$34 \cdot 900$

3 An einer Ausflugsfahrt nehmen 40 Personen teil. Jeder Teilnehmer zahlt 37 €. Wie viel kostet die Ausflugsfahrt?

4 Firma Schmidt braucht 25 Briefmarken zu je 60 ct. Was kosten die Briefmarken? Berechne zuerst in Cent und wandle dann in € um.

5 Die Jugendabteilung des Fußballsportvereins „Kicker" besucht ein Spiel der Bundesliga. 54 Jugendliche und Betreuer beteiligen sich. Eine Eintrittskarte kostet 20 €.

Klaus holt für 14 Kinder Monatskarten für das Hallenbad.
Klaus holt für 14 Kinder Wochenkarten für das Hallenbad.

MONATSKARTE HALLENBAD SCHÜLER	23 €	23 €	23 €	23 €	23 €	23 €	23 €	23 €	23 €	23 €	23 €	23 €	23 €	23 €

$$23 € \cdot 10 \qquad\qquad 23 € \cdot 4$$

$$23 € \cdot 14$$

Gabi rechnet so:

```
23        23
23        23
23        23
23      + 23
23        92
23
23        230
23      + 92
23        322
23
+ 23
230
```

Tina rechnet so:

$$23 \cdot 14 = \boxed{}$$
$$23 \cdot 10 = 230$$
$$23 \cdot 4 = 92$$
$$23 \cdot 14 = 322$$

Susi rechnet so:

```
23 · 14
   230
    92
   322
```

$23 \cdot 10$
plus $23 \cdot 4$

1 In Schönau kostet eine Monatskarte 27 €. Thomas holt 16 Karten.

MONATSKARTE HALLENBAD SCHÜLER	27 €	27 €	27 €	27 €	27 €	27 €	27 €	27 €	27 €	27 €	27 €	27 €	27 €	27 €	27 €	27 €

a) Rechne wie Gabi, Tina und Susi. Vergleiche das Ergebnis.
b) Welche Rechnung kannst du am schnellsten ausführen?

zehn

2 In Schönbach zahlen Familien für eine Jahreskarte im Schwimmbad 325 €.
Herr Meier besorgt für die Mitglieder des Schwimmvereins 19 Karten.

JAHRESKARTE HALLENBAD FAMILIE	325 €	325 €	325 €	325 €	325 €	325 €	325 €	325 €	325 €	325 €	325 €	325 €	325 €	325 €	325 €	325 €	325 €	325 €	325 €

Rechne auch hier wie Gabi und Susi. Vergleiche die Ergebnisse.

zehn

3 Am teuersten ist die Jahreskarte im Erlebnisland. Hier kostet die Jahreskarte 749 €.
Es werden 18 Jahreskarten verkauft.

 Rechne schriftlich.

a) $324 \cdot 12$
$792 \cdot 19$
$486 \cdot 16$

b) $444 \cdot 15$
$237 \cdot 11$
$819 \cdot 17$

c) $403 \cdot 13$
$905 \cdot 18$
$206 \cdot 14$

d) $520 \cdot 16$
$390 \cdot 18$
$990 \cdot 19$

1 Rechne wie Susi.

Beispiel:
6 1 3 · 2 3
1 2 2 6 0
1 8 3 9
1 4 0 9 9

a) 613 · 23
714 · 32
826 · 43
493 · 34
768 · 42
967 · 26

b) 696 · 55
867 · 63
928 · 78
1423 · 23
2421 · 34
4321 · 42

c) 6967 · 24
7848 · 45
6378 · 97
1023 · 67
2048 · 23
6709 · 49

d) 7008 · 48
6050 · 43
7600 · 49
4090 · 97
8009 · 89
8300 · 68

2

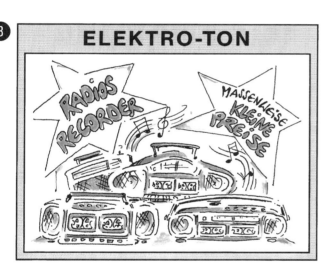

Die Kleiderfabrik „Mode" schreibt eine Rechnung aus:

32 Kleider zu 98 €   _____ €
48 Anzüge zu 196 €   _____ €
67 Mäntel zu 209 €   _____ €
59 Blusen zu 67 €   _____ €

3

ELEKTRO-TON

Welchen Betrag muss die Fa. Elektro-Ton bezahlen?

a) Firma Elektro-Ton bestellt bei der Fabrik
32 Radiorecorder. Ein Recorder kostet 234 €. .
Welchen Betrag muß die Fa. Elektro-Ton bezahlen?

b) Firma Elektro-Ton verkauft die Recorder für 312 €.
weiter.
Welchen Betrag hat sie nach dem Verkauf aller
Geräte eingenommen?

c) Wie viel € hat die Firma Elektro-Ton mehr
eingenommen als sie bezahlt hat?

4

a) Firma Elektro-Ton bestellt 24 Fernsehgeräte.
Für jedes muss sie 623 € bezahlen.
Welchen Betrag muss Elektro-Ton an die
Fabrik überweisen?

b) Welchen Betrag wird Elektro-Ton durch den Verkauf der Geräte einnehmen, wenn die Kunden für jedes
Gerät 812 € bezahlen müssen?

c) Wie groß ist der Überschuss (Gewinn)?

| Einnahmen | ⊖ | Ausgaben | ⊜ | Überschuss / Gewinn |

1 Die Klassen 6 der Goetheschule führen eine Wanderfahrt durch.
Insgesamt nehmen 108 Schüler daran teil. Jeder Schüler muss 35 € bezahlen.
Wie viel € müssen insgesamt eingesammelt werden?

2  Für eine Theaterveranstaltung werden 236 Karten
zu je 18 € und 187 Karten zu je 12 € verkauft.
Berechne die Einnahmen.

3 Die Kassierer in einem Fußballstadion rechnen ab:
2 314 Stehplatzkarten,
1 260 Sitzplatzkarten.
Wie viel € haben sie eingenommen?

EINTRITTSPREISE
STEHPLÄTZE 9,- €
SITZPLÄTZE 16,- €

4 Baufirma Schnellbau beschäftigt 3 Meister und 27 Arbeiter.
Die Meister erhalten im Monat 2 485 € Lohn,
die Arbeiter 1 607 €.

a) Wie viel Lohn bezahlt die Firma an die Meister
und Arbeiter im Monat?

b) Wie hoch sind die Lohnkosten der Firma Schnellbau
im Jahr?

5 Familie Heuske zahlt im Monat 495 € Miete.
Wie hoch sind die Mietkosten im Jahr?

6 Herr Franz kauft ein neues Auto. Er zahlt 9 500 € an.
Den Rest bezahlt er in 24 Monatsraten zu je 475 €.

a) Wie hoch ist der Gesamtbetrag der Raten?
b) Wie viel kostet das neue Auto insgesamt?

7 Elektro-Firma Blitz verkaufte im letzten Jahr 42 Fernseh-Video-Kombinationen zu je 1 096 €.
Wie hoch sind die Einnahmen?

1 Wir multiplizieren und wandeln dann in € um.

Beispiel:

```
3 6 4 2 ct · 4 3
    1 4 5 6 8
      1 0 9 2 6
    1 5 6 6 0 6 ct
  1 5 6 6,0 6 €
```

a) 3762 ct · 37   b) 5963 ct · 58
4906 ct · 48   4656 ct · 67
8656 ct · 59   9027 ct · 83
6304 ct · 72   7419 ct · 35

2 Multiplizieren von Kommazahlen.

63,24 € · 46

Wie rechnest du diese Aufgabe?

Ich wandle Euro in Cent um und rechne dann.

Ich rechne gleich mit der Kommazahl.

```
6 3,2 4 €  · 4 6
6 3 2 4 ct   · 4 6
      2 5 2 9 6
        3 7 9 4 4
        1 1 1
      2 9 0 9 0 4 ct
    2 9 0 9,0 4 €
```

```
6 3,2 4 €  · 4 6
    2 5 2 9 6
      3 7 9 4 4
      1 1 1
    2 9 0 9,0 4 €
```

In der Aufgabe stehen 2 Stellen hinter dem Komma. Dann müssen auch im Ergebnis 2 Stellen hinter dem Komma stehen.

Schau dir genau an, wie Tina und Gabi rechnen. Vergleiche die Ergebnisse!

3 Rechne die folgenden Aufgaben zuerst wie Tina, dann wie Gabi.

a) 46,25 € · 32   c) 57,65 € · 49   e) 90,25 € · 68
b) 83,21 € · 46   d) 68,04 € · 57   f) 30,50 € · 37

4 Bringe die folgende Aufgabe in eine Form, bei der du leicht rechnen kannst.

Denke dabei an die Tauschregel: 28 · 23,07 € = 23,07 € · 28

a) 46 · 146,05 €   c) 94 · 220,85 €   e) 111,22 € · 45
b) 427,63 € · 53   d) 394,16 € · 32   f) 69 · 205,55 €

5 Rechenolympiade: Diese Aufgaben kannst du alle schon rechnen.

a) 344,56 € · 6   b) 8 · 394,75 €   c) 636 € · 46
702 € · 40   50 · 3294 €   684,45 € · 37
72,50 € · 60   70 · 492,40 €   792,03 € · 58

1 Wir ordnen Gegenstände nach ihrer Form.

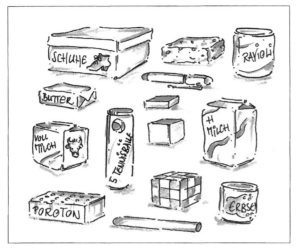  

a) Welche Gegenstände sind Würfel?
b) Welche Gegenstände sind Quader?
c) Welche Gegenstände sind Rundsäulen (Zylinder)?

2 Suche ähnliche Gegenstände und ordne sie wie oben.

3 Tom, Tina und Hans basteln Verpackungen für Geschenke.

a) Tom beklebt einen Würfel mit Buntpapier.

b) Tina beklebt einen Quader mit Buntpapier.

c) Hans beklebt einen Zylinder mit Buntpapier.

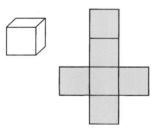 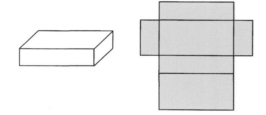 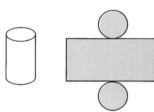

Tom braucht ..... Quadrate.
Das Netz von Toms Würfel besteht aus ..... gleichen Flächen (Quadraten).

Tina braucht .....
Das Netz von Tinas Schachtel besteht aus .....

Hans braucht .....
Das Netz von Hans' Geschenkdose besteht aus ..... Kreisen und .....

4 Auch das sind Netze von Körpern.

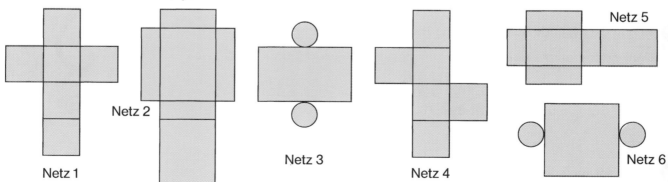

Netz 1   Netz 2   Netz 3   Netz 4   Netz 5   Netz 6

Schreibe so: Netz 1 ist ein...; Netz 2 ist ...;
Begründe deine Aussage.

Wozu man ein
Geodreieck
gebrauchen kann.

1 Wir betrachten unser Geodreieck.

a) Zeige am Geodreieck Linien, die senkrecht zueinander sind.

b) Zeige am Geodreieck parallele Linien.

2 Welche Linien sind zueinander

a) parallel,

b) senkrecht,

c) parallel oder senkrecht?

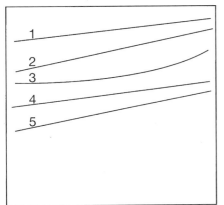

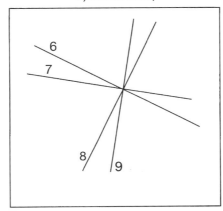

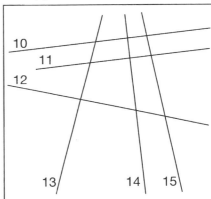

Schreibe in dein Heft:

a) Linie 1 und Linie ... sind parallel zueinander. ...

b) Linie ... und Linie ... sind senkrecht zueinander. ...

c) Linie ... und Linie ... sind parallel. Linie ... und Linie ... sind senkrecht zueinander. ...

3 Wir zeichnen mit dem Geodreieck parallele oder senkrechte Linien.

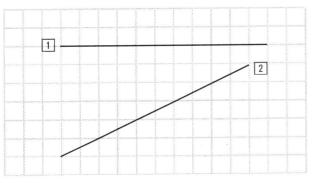

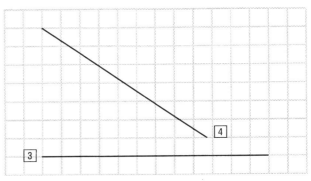

a) Zeichne die Geraden 1, 2, 3, 4 wie auf der Abbildung in dein Heft.

b) Kannst du zu jeder Geraden mit dem Geodreieck 2 Parallelen zeichnen?

c) Kannst du zu jeder Geraden eine senkrechte Gerade zeichnen?

1 Prüfe und miss mit dem Geodreieck.

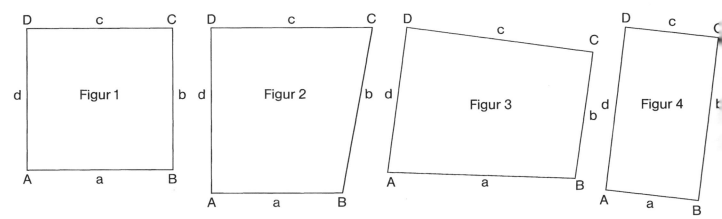

Schreibe auf:

Figur 1: a) Der Winkel bei A ist ein rechter Winkel.
Der Winkel bei B …
c) Die Strecke $\overline{AB}$ ist … cm lang.
Die Strecke $\overline{BC}$ ist …

b) Die Linien a und … sind parallel.
Die Linien …
d) Figur 1 ist ein …

Schreibe ebenso für die Figuren 2, 3 und 4.

2 Mario zeichnet ein Rechteck mit folgenden Seiten: a = 2 cm, b = 3 cm.

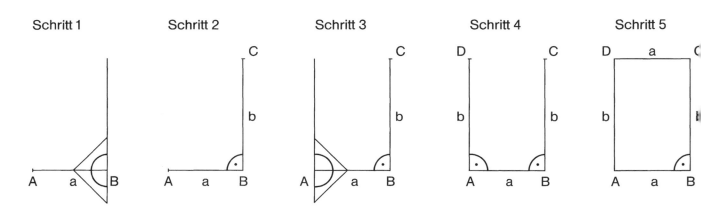

a) Zeichne wie Mario.
b) Jana beginnt ihre Zeichnung mit Seite b. Kannst du ihr weiterhelfen?
c) Findest du noch andere Möglichkeiten, dieses Rechteck zu zeichnen?

3 Zeichne Quadrate und Rechtecke auf Karopapier.

a
5 cm
3 cm
8 cm

a
4 cm 5 mm
6 cm 2 mm
7 cm 6 mm

a
5,8 cm
6,9 cm
8,2 cm

a	b
4 cm 5 mm	6 cm 8 mm
3 cm 6 mm	5 cm 4 mm
5 cm 8 mm	2 cm 2 mm

a	b
2,7 cm	4,5 cm
6,1 cm	2,8 cm
4,3 cm	5,6 cm

4 Kannst du die Quadrate und Rechtecke von Aufgabe ③ auch schon mit dem Geodreieck zeichnen?

1 Zeichne wie im Bild in einen halben Kreis
drei Dreiecke.
Prüfe mit dem Geodreieck die
Winkel auf dem Kreisbogen.

Schreibe so:
Der Winkel bei A ist kein rechter Winkel.
Der Winkel bei B …

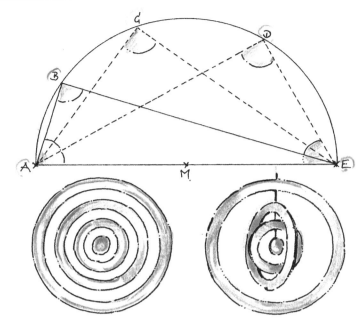

2 Wir basteln ein Mobile.
Zeichne Kreise um denselben
Mittelpunkt mit den unten angegebenen
Halbmessern. Schneide den grauen Kreis
und die grauen Kreisringe aus. Bastle
daraus ein Mobile.

$r_1 = 1$ cm; $r_2 = 2$ cm; $r_3 = 3$ cm; $r_4 = 4$ cm;
$r_5 = 5$ cm; $r_6 = 6$ cm; $r_7 = 7$ cm

3 So kannst du dir eine Spirale zeichnen. Schneidest du entlang der Kreislinie, so erhältst du eine Schlange.
Male sie bunt an.

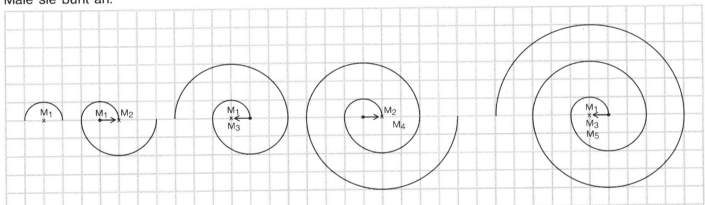

4 Hüpfspiele für den Schulhof.

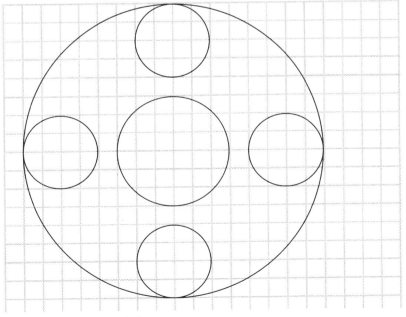

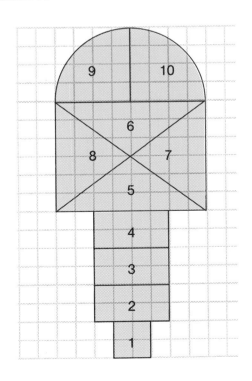

a) Zeichne sie ins Heft.
b) Denke dir selbst zwei weitere Hüpfspiele aus und zeichne sie.

1 Wir spielen das Spiel: Wer trifft die Zahl?

a)
5 · 3 + ☐ = 19
7 · 6 + ☐ = 45
4 · 9 + ☐ = 38
6 · 2 + ☐ = 15
8 · 4 + ☐ = 36

b)
8 · ☐ + 1 = 41
3 · ☐ + 1 = 25
2 · ☐ + 5 = 17
7 · ☐ + 1 = 50
5 · ☐ + 3 = 33

c)
☐ · 5 + 2 = 37
☐ · 9 + 3 = 75
☐ · 2 + 1 = 11
☐ · 6 + 4 = 40
☐ · 8 + 3 = 19

2 Wer kann diese Zahlen treffen? | Beispiel: 14 = 3 · 4 + 2; 14 = 2 · 5 + 4

a)
5 9 = 7 · 8 + ___
6 4 = 9 · 7 + ___
3 8 = 6 · 6 + ___
4 7 = 5 · 9 + ___
7 6 = 9 · 8 + ___

b)
2 9 = 3 · ___ + 2
1 3 = 2 · ___ + 3
1 9 = 4 · ___ + 3
5 8 = 8 · ___ + 2
2 0 = 5 · ___ + 0

c)
4 3 = ___ · 5 + 3
8 4 = ___ · 9 + 3
4 1 = ___ · 7 + 6
7 0 = ___ · 8 + 6
7 9 = ___ · 8 + 7

3 Auch diese Zahlen kannst du treffen.

a)
43 = 8 · ☐ + ☐
79 = 9 · ☐ + ☐

b)
37 = 6 · ☐ + ☐
55 = 9 · ☐ + ☐

c)
67 = 7 · ☐ + ☐
86 = 9 · ☐ + ☐

d)
85 = ☐ · 9 + ☐
28 = ☐ · 5 + ☐

e)
99 = ☐ · 1 0 + ☐
34 = ☐ · 6 + ☐

f)
77 = ☐ · 8 + ☐
19 = ☐ · 2 + ☐

4

Immer 6 Apfelsinen werden in ein Netz gepackt. 22 Apfelsinen sind noch vorhanden.

Tina rechnet:

22 = ☐ · 6
22 = 3 · 6 + 4

Sie denkt:
Wievielmal 6 gleich 22?
3 · 6 = 18
4 restliche Apfelsinen ergeben keinen vollen Sechserbeutel.

Hans rechnet:

22 : 6 = ☐
22 : 6 = 3 R 4

Er denkt:
Wievielmal 6 gleich 22?
3 · 6 = 18
Die restlichen 4 Apfelsinen bleiben übrig.

Rechne nun wie Hans:

a)
38 : 6
25 : 4
67 : 9
49 : 5

b)
53 : 8
17 : 7
82 : 9
74 : 8

c)
92 : 9
33 : 5
29 : 4
44 : 7

d)
29 : 4
67 : 8
41 : 6
13 : 2

e)
85 : 9
37 : 7
59 : 6
71 : 7

5 Zeichne zuerst eine Tabelle und trage dann die Ergebnisse ein.

a)

:	9	6
19	2 R 1	
37	4 R 1	
29		
46		

b)

:	7	9
32		
41		
57		
60		

c)

:	5	6
13		
34		
47		
23		

Teilen ohne und mit Übergang

1 a) Diese Rechenblocks werden an drei Schüler verteilt:

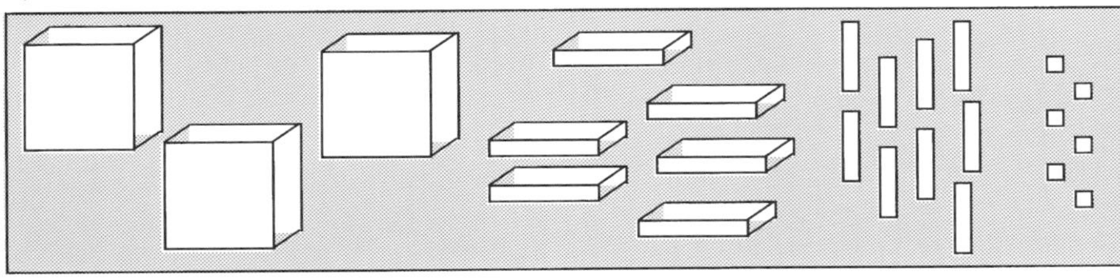

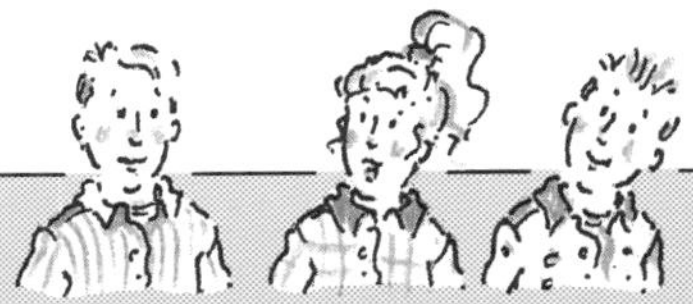

T	H	Z	E
3	6	9	6

: 3 =

T	H	Z	E

b)

T	H	Z	E
4	4	2	6

: 2 =

T	H	Z	E

c)

T	H	Z	E
9	0	6	3

: 3 =

T	H	Z	E

d)

T	H	Z	E
4	8	4	0

: 4 =

T	H	Z	E

2 Verteile in Gedanken. Rechne mit Probe.

2468 : 2 = 1234	Probe: 1234 · 2 / 2468

a) 8426 : 2 = □
4884 : 4 = □
3996 : 3 = □

b) 8488 : 4 = □
9366 : 3 = □
2864 : 2 = □

c) 6096 : 3 = □
8404 : 4 = □
6280 : 2 = □

d) 50055 : 5 = □
93060 : 3 = □
80080 : 4 = □

3 Jens und Ingo rechnen mit Spielgeld.

a) Sie verteilen:

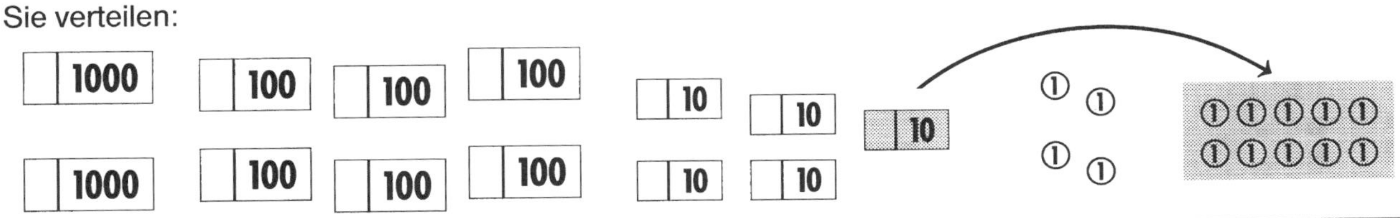
1000
1000
100
100
100
100
100
100
10
10
10
10
10
①
①
①
①
①①①①①
①①①①①

Jens bekommt: __ T __ H __ Z __ E

Ingo bekommt: __ T __ H __ Z __ E

b) Sie rechnen:

	T	H	Z	E
	2	6	5	4
–	2			
	0	6		
	–	6		
		0	5	
		–	4	
			1	4
		–	1	4
				0

€ : 2 =

T	H	Z	E
1	3	2	7

€

Probe:
1327 · 2

c) Rechne und mache die Probe.

T	H	Z	E
3	6	7	8

: 3 =

T	H	Z	E

T	H	Z	E
4	8	9	2

: 4 =

T	H	Z	E

T	H	Z	E
5	7	0	5

: 5 =

T	H	Z	E

T	H	Z	E
6	9	7	2

: 6 =

T	H	Z	E

4 Dividiere schriftlich. Überschlage zuerst. Führe auch die Probe durch.

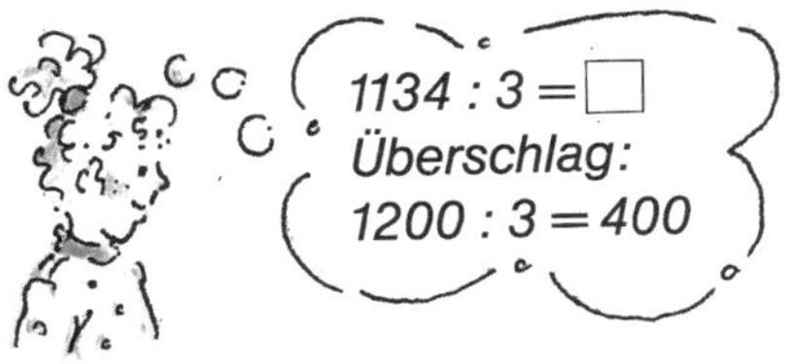
1134 : 3 = □
Überschlag:
1200 : 3 = 400

a) 5868 : 2
4972 : 2
6384 : 3
9213 : 3

b) 8148 : 4
4212 : 4
5365 : 5
9840 : 5

c) 2274 : 6
8057 : 7
5840 : 8
7101 : 9

5 Kannst du die folgenden Kettenaufgaben rechnen?

a) 1869 : 7 = (267)
(267) · 9 = □
□ : 3 = 807

b) 456 · 8 = ◯
◯ : 4 = □
□ · 5 = 4560

c) 9180 : 6 = ◯
◯ · 2 = □
□ : 5 = 612

6 Das 7fache einer Zahl ist 42. Wie heißt die Zahl?

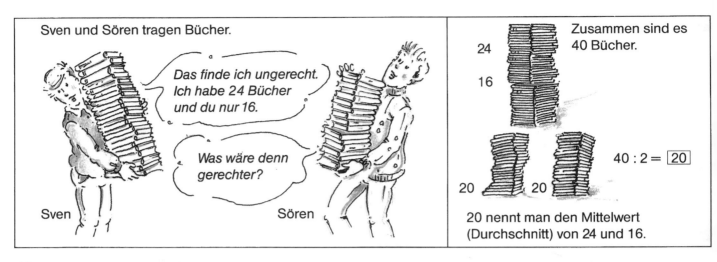

Sven und Sören tragen Bücher.

Das finde ich ungerecht. Ich habe 24 Bücher und du nur 16.

Was wäre denn gerechter?

Sven   Sören

24
16

Zusammen sind es 40 Bücher.

20   20

$40 : 2 = \boxed{20}$

20 nennt man den Mittelwert (Durchschnitt) von 24 und 16.

1 Es sollen immer 2 gleich große Bücherstapel gebildet werden.
Wie viele Bücher hat dann ein Stapel?

a) 32 Bücher / 16 Bücher   b) 13 Bücher / 29 Bücher   c) 17 Bücher / 5 Bücher

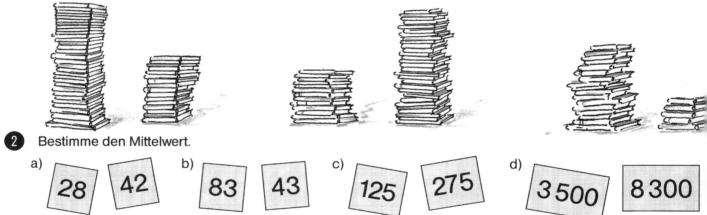

2 Bestimme den Mittelwert.

a) 28 42   b) 83 43   c) 125 275   d) 3 500 8 300

3 Suche den Mittelwert (Durchschnitt) der Zahlen.

a) 12 und 26   b) 350 und 430   c) 20 000 und 40 000

4

	a)	b)	c)	d)	e)	f)
1. Zahl	300	2 800	400 000	9		5 000
2. Zahl	1500	1 200	800 000		25	
Mittelwert				12	21	8 000

5 In Adorf wird eine Verkehrszählung über 2 Stunden hinweg durchgeführt. In der 1. Stunde wurden 3 680 Autos gezählt, in der 2. Stunde 4 120 Autos.
Wie viele Autos fuhren durchschnittlich in der Stunde?

6 Im Monat August hatte Fortuna Düsseldorf zwei Heimspiele. Zum 1. Spiel kamen 16 400 Zuschauer, das 2. Spiel sahen 21 000 Zuschauer. Wie viele Zuschauer kamen durchschnittlich zu den beiden Heimspielen?

7 Familie Klein verbrauchte im Januar 235 kWh Strom, im Februar 217 kWh und im März 196 kWh. Wie viele kWh Strom wurden durchschnittlich in einem Monat verbraucht?

Hans, Tina, Tom und Martin vergleichen ihr Taschengeld. Wie viel Geld haben sie durchschnittlich?

Hans   hat 9 €
Tina   hat 11 €
Tom   hat 12 €
Martin hat 8 €

Zusammen:

40 €

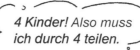

4 Kinder! Also muss ich durch 4 teilen.

Durchschnitt:

40 €   : 4 = 10 €

---

1 Durchschnittliche Temperaturen.
In der Woche vom 7. bis 13. August wurden folgende Temperaturen gemessen:

Ort	Bremen		Hannover		Wasserkuppe		Freiburg		Frankfurt	
Tageszeit	Nacht	Tag	Nacht	Tag	Nacht	Tag	Nacht	Tag	Nacht	Tag
7. 8.	14°	25°	15°	27°	9°	21°	17°	34°	16°	33°
8. 8.	13°	23°	13°	25°	8°	20°	17°	31°	16°	30°
9. 8.	12°	23°	13°	24°	8°	18°	16°	28°	15°	27°
10. 8.	14°	23°	15°	25°	9°	18°	16°	29°	15°	28°
11. 8.	15°	24°	16°	27°	11°	20°	17°	31°	16°	30°
12. 8.	13°	24°	15°	26°	12°	20°	18°	32°	17°	31°
13. 8.	17°	26°	18°	28°	13°	23°	18°	32°	17°	31°
durch-schnittliche Temperatur:	Nacht ☐°	Tag ☐°	Nacht ☐°	Tag ☐°	Nacht ☐°	Tag ☐°	Nacht ☐°	Tag ☐°	Nacht ☐°	Tag ☐°

---

2 Tina, Tom und Rolf möchten an einer Klassenfahrt teilnehmen. Sie legen ihr Geld zusammen.
Tina hat 16 €, Tom 21,50 € und Rolf 22,50 €. Reicht das Geld, wenn die Fahrt für jedes Kind 20 € kostet?

---

3 Was kosten die Elektrogeräte durchschnittlich?

Artikel	Radio	Kühlschrank	Waschmaschine	Elektroherd
Kaufhaus Meier	145 €	348 €	688 €	1227 €
Kaufhaus Gut	149 €	424 €	799 €	1029 €
Kaufhaus Billig	128 €	297 €	632 €	1164 €
Kaufhaus Best	162 €	339 €	725 €	1196 €
durchschnittlicher Preis:	☐ €	☐ €	☐ €	☐ €

---

4 Bei einer Verkehrszählung werden die Autos gezählt, die eine Straße benutzen. Wie viele Autos benutzen durchschnittlich die Straßen?

Ort	Schumannstraße	Heinestraße	Schillerstraße	Bachstraße
1. Tag	2316	3036	1095	901
2. Tag	2622	3414	1173	896
3. Tag	1953	2772	993	861
Durchschnitt:	☐	☐	☐	☐

Ein Lesebuch kostet 19 €.
Für neue Schüler müssen 5 Bücher nachbestellt werden.

| Frage: | Wie viel € kosten 5 Lesebücher? |

 19 €

 19 €

| Rechnung: |

Überlegung: | **Wenn** | 1 Buch 19 € kostet,
| **dann** | kosten 5 Bücher fünfmal soviel.

 19 €

Lösung: $\quad$ 19 € · 5
$\qquad\qquad$ 95 €

 19 €

| Antwort: | Die 5 Lesebücher kosten 95 €. |

 19 €

Zusammen: 95 €

---

1 Fülle die Tabelle aus:

Rechenbuch	1 Stück	2 Stück	3 Stück	4 Stück	5 Stück	6 Stück	7 Stück
Preis	21 €	☐ €	☐ €	☐ €	☐ €	☐ €	☐ €

2 Vervollständige die Tabelle. Rechne die Preise für 1; 2; 3; .....; 9; 10 Stück aus.

a) Radiergummi

Anzahl	Preis
1	55 ct
2	

b) Kugelschreiber

Anzahl	Preis
1	1 € 10 ct
2	

c) Heft

Anzahl	Preis
1	60 ct
2	

3 Sonderangebote im Möbelhaus.

a) Hotel Berghof kauft 5 Betten.
b) Familie Meier holt 4 Stühle.
c) Pension Huber kauft 5 Schränke.
d) Gasthaus Krone benötigt 3 Teppiche.
e) Hotel Schönblick bestellt 3 Betten
   und 2 Schränke.

Abhol-preise!!! **Abhol-preise!!!**

Bett, 200 x 200 **450** €
Stuhl **85** €
Schrank, 3türig **840** €
Teppich, 200 x 300 **690** €

4 Im Autohaus.
Im letzten Monat bekam Autohändler Hausen 18 neue Autos geliefert. 7 vom Typ 100 zu je 22 500 €, 6 vom Typ 300 zu je 34 900 € und 5 vom Typ 500 zu 49 600 €.
Wie viel Geld muss der Autohändler an den Hersteller überweisen?

Ein Spielwarengeschäft bekommt 6 neue Spiele
für zusammen 96 € geliefert.

Frage: Wie viel € kostet ein Spiel?

Rechnung:

Überlegung: **Wenn** 6 Spiele 96 € kosten,
dann kostet 1 Spiel den sechsten Teil.

Lösung:
$$96 \text{ € } : 6 = 16 \text{ €}$$
$$
\begin{array}{r}
-6 \\
\hline
36 \\
-36 \\
\hline
0
\end{array}
$$

Wenn, …
dann …

Antwort: 1 Spiel kostet 16 €.

1 Fülle die Tabelle aus:

Gesamtpreis	44 €	85 €	96 €	84 €	78 €	91 €	68 €
Anzahl	4	5	8	3	6	7	4
Preis für 1 Spiel	☐ €	☐ €	☐ €	☐ €	☐ €	☐ €	☐ €

2 Ein Kindergarten kaufte Spielwaren ein. Er bekommt folgende Rechnung:

6 Kipplaster (stabil)	243 €
9 Handpuppen	108 €
3 Kleintrampolins	435 €
4 Medizinbälle	276 €
	1 062 €

Berechne jeweils die Einzelpreise für die Kipplaster, Handpuppen, Kleintrampolins und Medizinbälle.

3 Im Getränke-Markt.

Berechne die Einzelpreise für
1 Flasche Sprudel,
1 Dose Limonade,
1 Flasche Apfelsaft.

Wandle die Preise zuerst in Cent um.

Preis für 3 Flaschen Sprudel:
0,48 €!!

2,40 €

SONDERANGEBOT
3 FLASCHEN NUR 0,48 €

APFELSAFT
7,20 €

4 In einem Schulranzen sind 6 Bücher im Gesamtwert von 114 €.
Was kostet 1 Buch durchschnittlich?

Meike, Tina und Uwe
haben beim Nachbarn
im Garten geholfen.
Er gab ihnen dafür
13,35 €.
Sie wollen das Geld
gerecht verteilen.

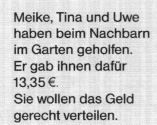

€		Cent	
10	①	⑩	①
	①	⑩	①
	①	⑩	①
		⑩	①
			①

```
      Z E        € ct
    1 3 , 3 5 : 3 = 4 , 4 5
  - 1 2
      1 3
    - 1 2
        1 5
        1 5
```

Die restlichen € wechseln wir in Gedanken in Zehn-centstücke um.

Jetzt verteilst du Zehn-centstücke, keine ganzen €. Deshalb musst du ein Komma setzen.

1

Else, Gabi, Rainer und
Helmut bringen ihr
Sparschwein zur Sparkasse.
Darin sind 257,48 €.
Wie viel € bekommt jeder?

€			Cent		€			Cent
H	Z	E			H	Z	E	

```
    2 5 7 , 4 8 : 4 = 0 6 4 , _ _
  - 2 4
      1 7
    - 1 6
```

Kannst du schon alleine weiterrechnen?

Ja, das kann ich. Ich darf nur das Komma nicht vergessen.

Probe: 64, _ _ € · 4 *Ich mache dann die Probe.*

2 Schreibe ins Zahlenhaus, wenn du rechnest.

Beispiel:

```
  H Z E              H Z E
  3 1 8 , 7 8 € : 6 =   5 3 , 1 3 €
- 3 0
    1 8
  - 1 8
      0 7
      - 6
        1 8
      - 1 8
          0
```

Ich weiß, dass hinter dem Komma die Cent stehen. Ich brauche das nicht aufzuschreiben.

a) 267,85 : 5
478,94 : 7
483,75 : 9
718,24 : 8

b) 224,24 : 4
207,54 : 3
201,15 : 5
351,61 : 7

c) 273,60 : 6
451,20 : 8
513,72 : 9
565,46 : 7

3 Rechne auch hier nach dem Komma weiter.

a) 357,44 € : 4
466,72 € : 8

b) 359,46 € : 6
539,70 € : 7

c) 901,05 : 5
811,80 : 6

d) 847,00 : 7
872,00 : 8

4 Hier bleiben einige Pfennige übrig. Dividiere und mache die Probe.

Tina rechnet:

```
  12,75 € : 4 = 3,18 €    Rest 3 Pf.
- 12
    7           Sie macht die Probe.
  - 4
    35          3,18 € · 4
  - 32            12,72 €
    3
```

Die drei Cent Rest dazu ergibt 12,75 €.

Stimmt, richtig gerechnet!

a) 24,67 € : 5
28,23 € : 8
37,04 € : 3
58,23 € : 7

b) 245,23 € : 7
363,27 € : 5
413,05 € : 6
230,01 € : 8

c) 68,18 € : 5
93,23 € : 6
84,09 € : 5
78,80 € : 7

d) 762,45 € : 6
809,09 € : 7
712,43 € : 7
902,35 DM : 9

1

Firma Meier kauft einen Baukran für 673 412,46 €.
Der Kran kann in 6 Jahresraten bezahlt werden.
Wie viel € muss die Firma jedes Jahr bezahlen?

Tom schreibt auf und beginnt zu rechnen. Rechne weiter.

```
HT ZT  T  H  Z  E              HT ZT  T  H  Z  E
 6  7  3  4  1  2 , 4  6  € : 6 = 1  1  _  _  _  _ , _  _  €
-6
 0  7
   -6
    1  3
    ⋮
```

Das ist doch genauso einfach wie bei kleinen Zahlen: Hunderttausender, Zehntausender… werden der Reihe nach aufgeteilt.

Antwort: Die Firma muss jedes Jahr _____ € bezahlen.

2 Rechne ebenso.

a)   61 780,60 € : 5   b)   2 031 015,15 € : 5
      182 492,60 € : 4   3 901 254,24 € : 6
    1 094 727,34 € : 7   3 504 340,21 € : 7
    2 765 515,60 € : 8   4 808 052,48 € : 8

Hier bleiben einige Cent übrig. Sie können nicht mehr verteilt werden.	**Rechnung:**
	
	ZE ZE
	25,37 € : 3 = 08,45 € Rest 2 ct.
	- 24
	  13
	- 12
	  17
	- 15
	   2 ct Rest
		Probe:
		
		8,45 € · 3
		25,35 €
		
		25,35 €
		+ 0,02 €
		25,37 €

---

3 Bei diesen Aufgaben bleibt immer ein Rest. Führe auch die Probe durch.

a) 37,45 € : 4   b) 432,81 € : 2   c) 21 538,56 € : 5
   73,91 € : 8   538,16 € : 9   4 870,47 € : 4
   69,42 € : 5   829,57 € : 6   92 408,73 € : 7
   91,65 € : 7   941,80 € : 3   505 630,69 € : 8

4 5 Familien bauen gemeinsam ein Haus mit 5 Wohnungen.
Das Haus kostet 836 455,60 €. Wie viel kostet jede Wohnung?

5 Kaufhaus Immergut hat in einer Woche 134 595,66 €
eingenommen. Wie viel € nahm das Kaufhaus im Schnitt
an einem Wochentag ein?

6  An einer Großtankstelle werden in 1 Woche 1 100 365 l bleifreies Benzin verkauft.
Wie viel Liter sind das durchschnittlich an einem Tag, wenn die Tankstelle auch sonntags
geöffnet ist?

1 Mit einem Faltblatt lassen sich verschiedene Winkel herstellen.

a) Nimm ein Faltblatt und stelle selbst verschiedene Winkel her.
b) Bilde Winkel wie auf den Bildern oben.

2 Auch mit einem Buch, einem Zollstock, einer Schere, einer Tür oder
mit einem Zirkel lassen sich unterschiedliche Winkel bilden.

3 Das Winkelmodell.

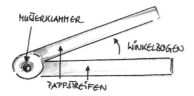

MUTTERKLAMMER
WINKELBOGEN
PAPPSTREIFEN

Baue dir selbst ein Winkelmodell aus Pappe.
Damit kannst du gut Winkel herstellen oder
vergleichen.
Je weiter die Streifen geöffnet sind, desto
größer ist der Winkel.

4 Hier findest du verschieden große Winkel. Lege dein Winkelmodell auf jeden Winkel
und übertrage ihn in dein Heft. Beginne mit dem kleinsten Winkel.

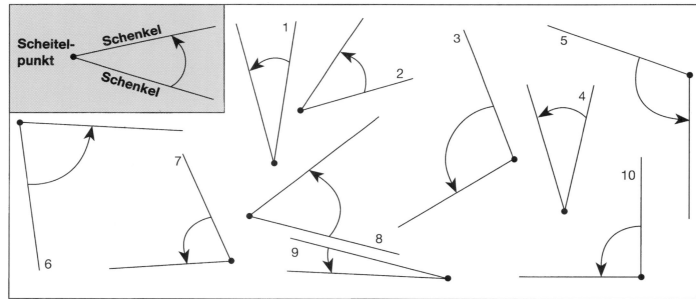

Scheitel-
punkt   Schenkel
         Schenkel

5

*Immer der-
selbe Winkel?*

*Die Schenkel
kann ich beliebig
verlängern, der
Winkel ändert sich
dadurch nicht!*

Miss mit dem Winkelmodell nach. Probiere es selbst mit dem Zollstock.

1 Ein Winkel ist größer als die anderen. Prüfe mit dem Winkelmodell.

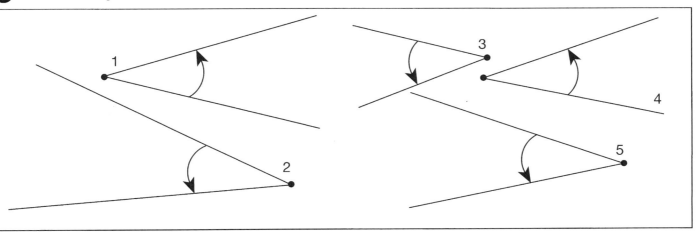

2 Mit dem Zollstock können wir verschiedene Winkel herstellen.

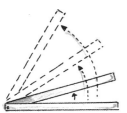

Die Schenkel bilden
einen **spitzen** Winkel.

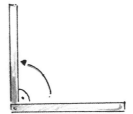

Die Schenkel stehen
senkrecht zueinander.
Sie bilden einen
rechten Winkel.

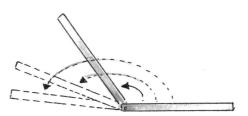

Die Schenkel bilden
einen **stumpfen** Winkel.

spitzer Winkel

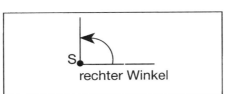

rechter Winkel

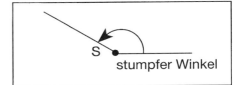

stumpfer Winkel

Mit S bezeichnen wir den Scheitelpunkt.

3 Verschieden große Winkel.

a) Gibt es spitze (stumpfe) Winkel, die verschieden groß sind?
Kannst du 3 verschieden große spitze (stumpfe) Winkel
in dein Heft zeichnen?

b) Gibt es rechte Winkel, die verschieden groß sind?

4 Wir vergleichen Winkel am Halbkreis.

a) Welcher der Winkel 1 bis 5 ist am größten?

b) Zeichne eine ähnliche Figur in dein Heft.
Vergleiche mit deinem Nachbarn, ob ihr
zu dem gleichen Ergebnis gekommen seid.

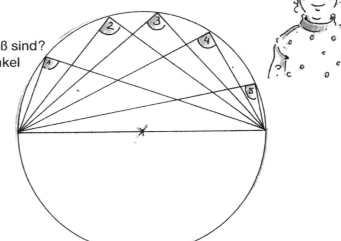

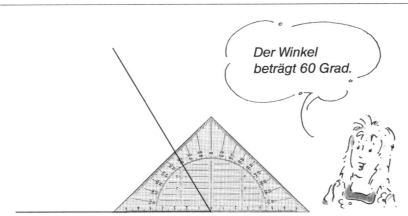

Der Winkel beträgt 60 Grad.

Die Größe von Winkeln misst man mit dem **Winkelmesser**.

Auch dein Geodreieck ist ein Winkelmesser.
Der Halbkreis darauf ist in 180 gleich große Teile eingeteilt.
Jeder Teil ist 1 Grad.

Man schreibt: **1 Grad oder 1°**

Ein **Halbkreis** hat also 180 Grad oder 180°, ein rechter Winkel deshalb 90 Grad oder 90°.

1 Miß diese Winkel mit dem **Geodreieck.**

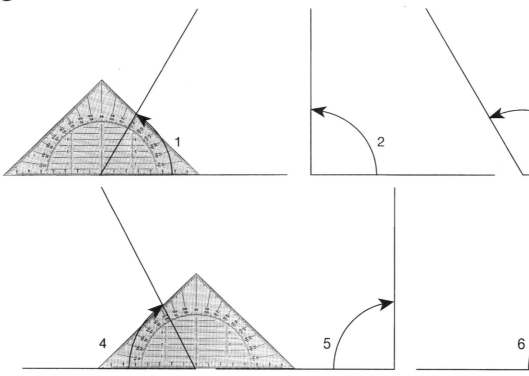

Schreibe auf: Winkel 1 hat ___°; Winkel 2 hat ___°; ...

2 Kannst du folgende Winkel auf zwei verschiedene Weisen zeichnen?
Schau dir dazu nochmals Aufgabe 1 an! Du darfst das Geodreieck benutzen.
a) 40° b) 90° c) 20° d) 80° e) 110° f) 150° g) 60° h) 130° i) 45°

3 Tina und Tom messen Winkel.

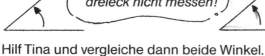

Diesen Winkel kann ich mit dem Geodreieck nicht messen!

Ich habe keine Probleme. Wenn du bei deinem Winkel die Schenkel verlängerst, kannst du leicht messen.

Hilf Tina und vergleiche dann beide Winkel.

1 Miss diese Winkel mit dem Geodreieck und übertrage sie in dein Heft.
Zeichne die Schenkel der Winkel mindestens 5 cm lang.

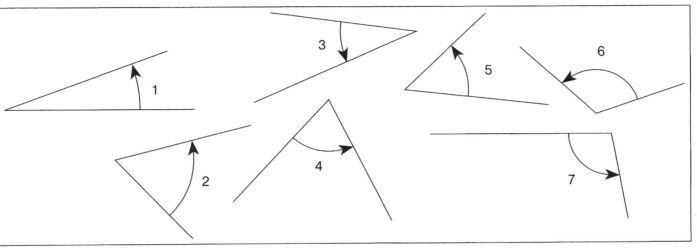

Notiere: Winkel 1 hat ___°; Winkel 2 hat ___°; . . .

2 Miß alle 3 Winkel in jedem Dreieck.

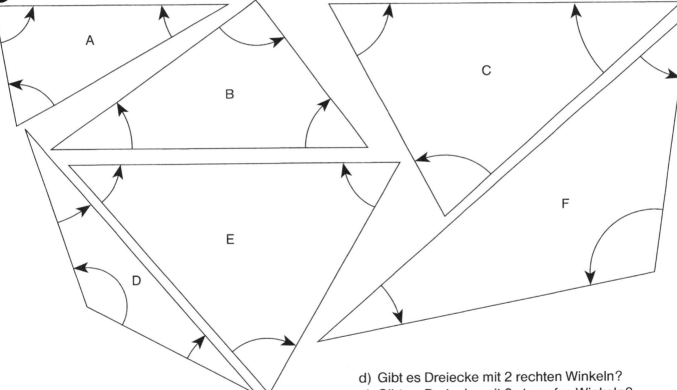

a) Welche Dreiecke haben nur spitze Winkel?
b) Welche Dreiecke haben einen rechten Winkel?
c) Welche Dreiecke haben einen stumpfen Winkel?

d) Gibt es Dreiecke mit 2 rechten Winkeln?
e) Gibt es Dreiecke mit 2 stumpfen Winkeln?
f) Schreibe so: Dreieck A: 40° + 60° + ___ ° = ___ °.
        Dreieck B: . . .
Vergleiche die Winkelsumme bei allen Dreiecken.

3 Die Winkelsumme im Dreieck.
a) Reiße wie im Bild gezeigt die Ecken eines Dreiecks ab
   und klebe zusammen.
b) Wiederhole diese Tätigkeiten bei 2 anderen Dreiecken.
   Was fällt dir auf?

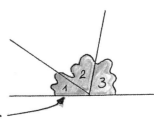

Diese Aufgaben gehören zusammen.

$12 \cdot 5 = \Box$
$12 \cdot \Box = 60$
$60 = 12 \cdot \Box$
$60 : 12 = \Box$

Ja, Teilen und Malnehmen gehören genauso zusammen wie Addieren und Subtrahieren.

1 Vier verschiedene Aufgaben – die gleiche Rechnung.

$14 \cdot 6 = \Box$ $14 \cdot \Box = 84$ $84 = 14 \cdot \Box$ $84 : 14 = \Box$

$19 \cdot 4 = \Box$ $19 \cdot \Box = 76$ $76 = 19 \cdot \Box$ $76 : 19 = \Box$

$13 \cdot 5 = \Box$ $13 \cdot \Box = 65$ $65 = 13 \cdot \Box$ $65 : 13 = \Box$

$12 \cdot 7 = \Box$ $12 \cdot \Box = 84$ $84 = 12 \cdot \Box$ $84 : 12 = \Box$

$17 \cdot 3 = \Box$ $17 \cdot \Box = 51$ $51 = 17 \cdot \Box$ $51 : 17 = \Box$

2 Kannst du diese Aufgabe schon rechnen?

Aufgabe 84 : 14

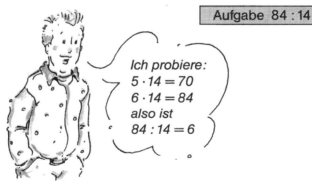

Ich probiere:
$5 \cdot 14 = 70$
$6 \cdot 14 = 84$
also ist
$84 : 14 = 6$

Ich mache eine Überschlagsrechnung.
$80 : 10 = 8$
84 : 14 könnte 7 ergeben.
$7 \cdot 14 = 98$, *dann ist*
$84 : 14 = 6$, *weil*
$6 \cdot 14 = 84$ *ergibt.*

Rechne nun wie Hans oder Elke.

a) $64 : 16 = \Box$ b) $45 : 15 = \Box$ c) $76 : 19 = \Box$ d) $60 : 15 = \Box$

$48 : 12 = \Box$ $80 : 16 = \Box$ $90 : 18 = \Box$ $84 : 14 = \Box$

$52 : 13 = \Box$ $85 : 17 = \Box$ $96 : 16 = \Box$ $91 : 13 = \Box$

$70 : 14 = \Box$ $72 : 18 = \Box$ $80 : 15 = \Box$ $96 : 12 = \Box$

3 Suche dir jetzt einen Rechenweg aus.

a) 120 : 15   b) 108 : 12   c) 152 : 19   d) 171 : 19

128 : 16   114 : 19   136 : 17   130 : 13

126 : 18   117 : 13   98 : 14   126 : 14

104 : 13   162 : 18   96 : 12   153 : 17

4 Hans malt gerne Bilder mit Ölfarbe. 12 Tuben Ölfarbe kosten 48 €.

a) Wie viel € kostet die Tube Ölfarbe?
b) Wie viel € muss Hans bezahlen, wenn er 4 Tuben nachkauft?

5 In der Klassenkasse sind Ende des Schuljahres noch 112 €. Der Kassenwart möchte sie an 16 Schüler gerecht verteilen.

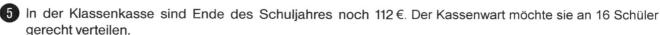

1 Wir spielen Zahlentreffen.

a) $4 \cdot 16 + \square = 70$
$6 \cdot 15 + \square = 95$
$5 \cdot 13 + \square = 69$
$3 \cdot 19 + \square = 60$
$7 \cdot 12 + \square = 88$

b) $5 \cdot \square + 6 = 81$
$2 \cdot \square + 4 = 40$
$8 \cdot \square + 5 = 93$
$4 \cdot \square + 4 = 72$
$6 \cdot \square + 3 = 87$

c) $\square \cdot 12 + 3 = 87$
$\square \cdot 13 + 4 = 95$
$\square \cdot 16 + 5 = 53$
$\square \cdot 19 + 2 = 97$
$\square \cdot 17 + 6 = 74$

2 Wer trifft diese Zahlen?

a) $98 = 5 \cdot 18 + \underline{\quad}$
$77 = 6 \cdot 12 + \underline{\quad}$
$60 = 3 \cdot 17 + \underline{\quad}$
$81 = 7 \cdot 11 + \underline{\quad}$
$64 = 4 \cdot 15 + \underline{\quad}$
$41 = 2 \cdot 19 + \underline{\quad}$

b) $141 = 7 \cdot \underline{\quad} + 8$
$103 = 9 \cdot \underline{\quad} + 4$
$133 = 8 \cdot \underline{\quad} + 5$
$116 = 6 \cdot \underline{\quad} + 2$
$132 = 7 \cdot \underline{\quad} + 6$
$156 = 9 \cdot \underline{\quad} + 3$

c) $131 = \underline{\quad} \cdot 14 + 5$
$144 = \underline{\quad} \cdot 17 + 8$
$112 = \underline{\quad} \cdot 15 + 7$
$177 = \underline{\quad} \cdot 19 + 6$
$153 = \underline{\quad} \cdot 18 + 9$
$117 = \underline{\quad} \cdot 16 + 5$

3 Teilen mit Rest.

$80 : 13 = \square$

st wie beim
ntreffen.
$\square \cdot 13$
$6 \cdot 13 + 2$

$$\begin{array}{r} 8\,0 : 1\,3 = 6\ R\ 2 \\ -\ 7\,8 \qquad\qquad \\ \hline 2 \qquad\qquad\quad \end{array}$$

$6 \cdot 13$ $\qquad$ $6 \cdot 13 + 2$

a) $40 : 12$
$50 : 12$
$70 : 13$
$60 : 14$

b) $71 : 17$
$97 : 16$
$95 : 18$
$96 : 19$

4 Hier bleibt oft ein Rest.

a) $107 : 15$
$72 : 14$
$120 : 16$
$103 : 17$

b) $125 : 14$
$130 : 18$
$130 : 19$
$107 : 16$

c) $134 : 15$
$121 : 18$
$101 : 17$
$127 : 13$

d) $180 : 18$
$140 : 16$
$123 : 19$
$139 : 17$

5 Hans hat zum Geburtstag 60 Schokoküsse gekauft. 18 Kinder sind in seiner Klasse. Wie viele Schokoküsse erhält jedes Kind, wenn gerecht verteilt wird?

6 Anna hat ein neues Fahrrad. Der Kilometerzähler weist nach 7 Tagen einen Stand von 119 km auf. Wie viele km ist sie jeden Tag im Durchschnitt gefahren?

7 In der Klassenkasse sind Ende des Schuljahres noch 83 €. Der Kassenwart möchte sie an 16 Schüler gerecht verteilen.

❶

ACHTUNG!
*Die Klassen 6a, 6b und 6c planen
eine große gemeinsame Klassenfahrt.
Fahrtkosten: 20,– €*

*Eine tolle
Fahrt!*

a) Tina verwaltet die
Klassenkasse der 6a.
12 Kinder haben
168 € gespart.
Wie viel € bekommt
jeder Schüler?

100		10	①
		10	①
		10	①
		10	①
		10	①
		10	①
			①
			①

Tina rechnet so:

HZE   HZE
168 € : 12 = 14 €
– 12
   48
 – 48
    0

*Jedes Kind
bekommt . . . €*

Tina denkt dabei:
Ich verteile erst die Hunderter:
1 H : 12

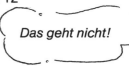

Das geht nicht!

Jetzt verteile ich die Zehner:
10 + 6   16 Z : 12 = 1 Z;

Zum Schluss verteile ich die
Einer:
40 + 8   48 E : 12 = 4 E

b) Doris verwaltet
die Klassenkasse
der 6b.
17 Kinder haben
357 € gespart.

100		10	①
100		10	①
100		10	①
		10	①
		10	①
			①
			①

HZE   HZE
357 : 17 = 2
– 34

Wie geht es weiter?

❷ Auch diese Klassen haben gespart.

	Klasse 6a	Klasse 6b	Klasse 7a	Klasse 7b
Pestalozzi-Schule	238 € 14 Kinder	342 € 18 Kinder	324 € 18 Kinder	285 € 19 Kinder
	Klasse 6a	Klasse 6b	Klasse 7a	Klasse 7b
Albert-Schweitzer-Schule	276 € 12 Schüler	378 € 14 Schüler	325 € 13 Schüler	360 € 12 Schüler

❸ Jetzt wird es schwerer – oder? Denke an die Überschlagsrechnung.

  HZE   HZE
  732 : 12 = 61
– 72
    12
–   12
     0

a) 913 : 11
   588 : 12
   806 : 13
   322 : 14
   848 : 16

b) 638 : 11
   924 : 12
   795 : 15
   666 : 18
   714 : 17

c)   817 : 19
    912 : 16
    799 : 17
 1095 : 15
 1548 : 18

❹ Hier werden restliche € in 10 ct-Münzen und 10 ct-Münzen in 1 ct-Münzen umgewandelt. Du kannst dies schon.

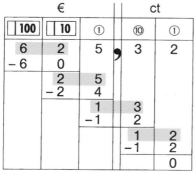

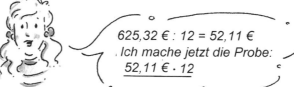

*625,32 € : 12 = 52,11 €
Ich mache jetzt die Probe:
52,11 € · 12*

a) 337,22 € : 13
   510,30 € : 14
   527,78 € : 11

b) 353,76 € : 12
   268,65 € : 15
   418,40 € : 16

1 Diese Aufgaben sind auch ganz leicht.

a) 861 : 41
864 : 32

b) 999 : 37
900 : 36

c) 990 : 45
989 : 43

d) 936 : 39
966 : 42

2 Jetzt wird es wieder schwieriger.

```
456 : 57 = 8
- 456
─────
    0
```
Hier musst du mit gerundeten Zahlen rechnen.

500 : 60
50 : 6

Stimmt!

Ergibt etwa 8.

```
738 : 82 = 9
  . . 8
```
Ja, ich prüfe.

740 : 80
74 : 8

Ergibt etwa 9. Prüfe nach.

3 Rechne ebenso.

a) 231 : 33
405 : 81
294 : 49

b) 483 : 69
342 : 57
497 : 71

c) 498 : 83
460 : 92
396 : 44

d) 522 : 87
496 : 62
232 : 58

4 Hier bleibt ein Rest, mache die Probe.

Rechnung:		Probe:
387 : 45 = 8 R 27		45 · 8
- 360		─────
─────		360
27		
		360
		+ 27 Rest
		─────
		387

a) 346 : 57
410 : 81
300 : 49
500 : 62
600 : 82
400 : 55

b) 300 : 71
500 : 62
490 : 37
350 : 63
427 : 78
299 : 84

5 Herr Ahrens kauft ein Farbfernsehgerät für 984 €.
Er bezahlt es in 24 Monatsraten.
a) Wie hoch ist eine Rate?
b) Wie teuer wird eine Rate, wenn Herr Ahrens 96 € Anzahlung leistet?

6 In der Klassenkasse der Klasse 6 c sind 475 €.
Wie viel € hat jeder der 19 Schüler bis jetzt gespart?

7 Fa. Elektro-Blitz erhält von der Fabrik eine Lieferung Toaster. Die Rechnung beträgt 476 €.
Ein Toaster kostet 34 €. Wie viel Toaster wurden geliefert?

1 Tom und Uwe machen einen Geländelauf mit.

Geländelauf:

Kurs 1: _____ m

Kurs 2: _____ m

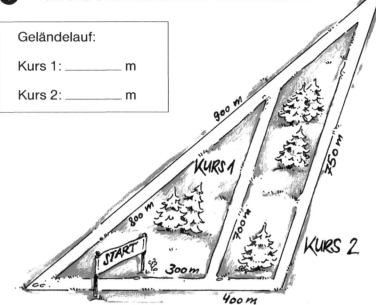

a) Tom sagt zu Uwe: Ich laufe den Kurs 1 und du den Kurs 2.
Ich bin gespannt, ob ich gegen dich gewinne. Was meint Uwe dazu?

b) Auf dem Schild wurden die Eintragungen für die Rundenlängen vergessen.
Kannst du helfen?
Kurs 1: _____ m   Kurs 2: _____ m

c) Wie viele Meter ist der Kurs 2 länger als Kurs 1?

2 Wer kann den Umfang dieses Dreiecks berechnen?

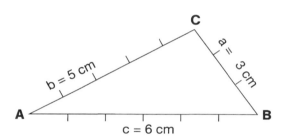

Das ist ja genau die Länge des Bandes, das ganz um das Dreieck herumpasst.

$$u = a + b + c$$

$u =$ ___ cm + ___ cm + ___ cm

$u =$ _____ cm

3 Berechne den Umfang dieser Dreiecke. Schreibe wie bei **2** in dein Heft.

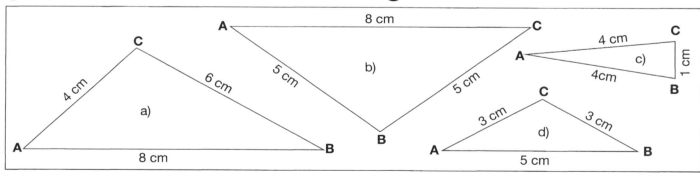

4 Hier findest du verkleinerte Abbildungen von Dreiecken. Die Maße sind eingetragen.
Berechne den Umfang. Schreibe wie in Aufgabe **2**.

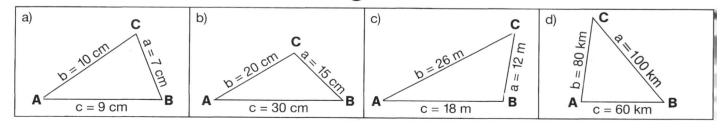

1 Tom hilft seinem Vater, Begrenzungssteine im Garten zu setzen. Wie viel Steine fehlen noch?

a)

b)

2 Wie viel Steine werden hier gebraucht?

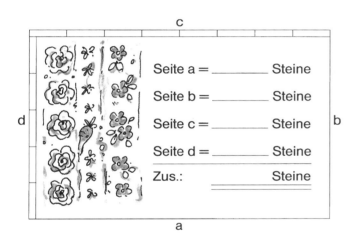

Seite a = _____ Steine

Seite b = _____ Steine

Seite c = _____ Steine

Seite d = _____ Steine

Zus.: _____ Steine

3 Jedes Kästchen stellt einen Meter dar. Wie lang sind die Gartenzäune?

a)

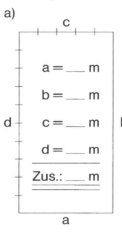

a = __ m

b = __ m

c = __ m

d = __ m

Zus.: __ m

b)

a = __ m

b = __ m

c = __ m

d = __ m

Zus.: __ m

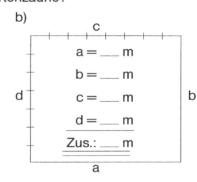

Der Umfang des Gartens beträgt . . .

4 Vergleiche die gegenüberliegenden Seiten der Rechtecke in Aufgabe **3**.

Hans sagt: Ich kann die Länge des Gartenzaunes schnell berechnen, wenn ich zweimal die Seite a und zweimal die Seite b addiere. Stimmt das?

Umfang eines Rechtecks: $u = 2 \cdot a + 2 \cdot b$

5 Kannst du jetzt den Umfang folgender Rechtecke berechnen?

a) Rechne wie Hans.

$a = 7$ m ; $b = 14$ m
$a = 10$ m ; $b = 4$ m
$a = 7$ cm ; $b = 11$ cm
$a = 13$ cm ; $b = 9$ cm
$a = 7,20$ m; $b = 11,20$ m
$a = 9,10$ m; $b = 6,30$ m
$a = 8,10$ m; $b = 8,10$ m

b) Versuche im Kopf auszurechnen.

Seite a	Seite b	Umfang u
4 cm	5 cm	
13 cm	9 cm	
15 mm	40 mm	
23 mm	38 mm	
5 m	7 m	
25 m	65 m	
8 km	4 km	
17 km	11 km	

1 Wer kann ganz schnell den Umfang des Quadrates berechnen?

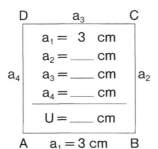

$a_1 = 3$ cm
$a_2 = $ ___ cm
$a_3 = $ ___ cm
$a_4 = $ ___ cm

$U = $ ___ cm

A $a_1 = 3$ cm B

Das rechne ich viel schneller. Ich nehme 4mal die Länge einer Seite.

$u = 4 \cdot a$

$u = 4 \cdot 3$ cm
$u = 12$ cm

2 Berechne den Umfang der folgenden Quadrate.

a)
Seite a	Umfang u
6 cm	
9 cm	
17 m	
50 m	
8 km	
100 km	

b)
Seite a	Umfang u
4,5 cm	
11,2 cm	
8,4 m	
9,1 m	
25,4 km	
5,2 km	

c) Zeichne die beiden ersten Quadrate von a) und b) in dein Heft.

3 Juliane näht eine Tischdecke. Sie ist 120 cm lang und 80 cm breit. Sie möchte eine schmale Spitze als Rand annähen. Wie viel m Spitze muss sie kaufen?

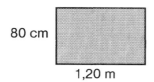

80 cm

1,20 m

4 Herr Leopold muss seinen Gemüsegarten wegen der Schafe einzäunen. Der quadratische Garten ist 35 m lang. Er hat noch eine Rolle mit 100 m Draht liegen. Reicht der Draht?

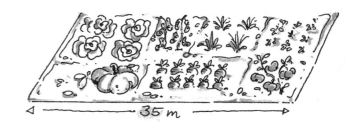

35 m

5 Die 6. Klasse stellt eine Blumenbank im Werkunterricht her. Sie ist 2 m lang und 60 cm breit. Der Rand wird mit einem Umleimer versehen.

UMLEIMER.

6 Der Glaser nagelt die Scheiben mit einer dünnen Leiste fest. Er muß 3 Scheiben erneuern. Die Maße hat er sich auf einem Zettel notiert.

Fenster 1: Breite 40 cm, Höhe 60 cm
Fenster 2: Breite 1,20 m, Höhe 1,80 m
Fenster 3: Breite 50 cm, Höhe 1,00 cm

7 Nach dem Tapezieren nagelt der Maler eine dünne Leiste als Abschluss unter die Decke. Das Zimmer ist 6 m lang und 4 m breit.

4 m

6 m

1 Tom und Tina wollen Figuren finden, die den gleichen Flächeninhalt wie das Rechteck haben. Sie zerschneiden das Rechteck und kleben die Teile neu zusammen.

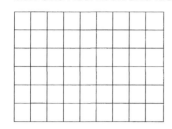
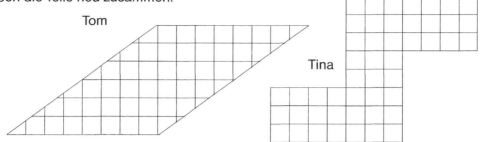

Tom

Tina

a) Schneide aus Karopapier 6 gleiche Rechtecke aus. Klebe eines davon in dein Heft.
   Zerlege die anderen Rechtecke wie Tom und Tina und klebe die Teile auf unterschiedliche Weise zusammen.

b) Welche der neuen Figuren sind genauso groß wie das nicht zerschnittene Rechteck?

2 Welche Figuren haben den gleichen Flächeninhalt?

a)

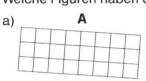
A

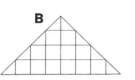
B

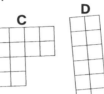
C

D

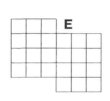
E

F

b)

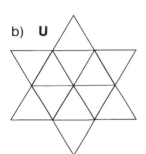
U

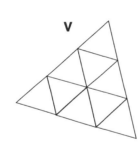
V

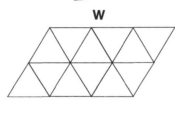
W

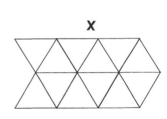
X

Schreibe: Figur A hat den gleichen Flächeninhalt wie Figur . . .

3 Denke dir die folgenden Figuren zerschnitten. Zeichne in dein Heft, wie man die Teile neu zusammensetzen kann.

a)

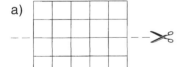

b)

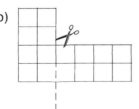

c)

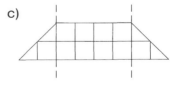

> Figuren, die aus den **gleichen Teilfiguren** zusammengesetzt sind, haben den **gleichen Flächeninhalt.**

4 Kannst du Figuren in dein Heft zeichnen, die den gleichen Flächeninhalt wie a), b) oder c) haben?

a)

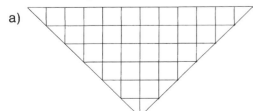

b)

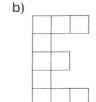

c)

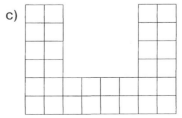

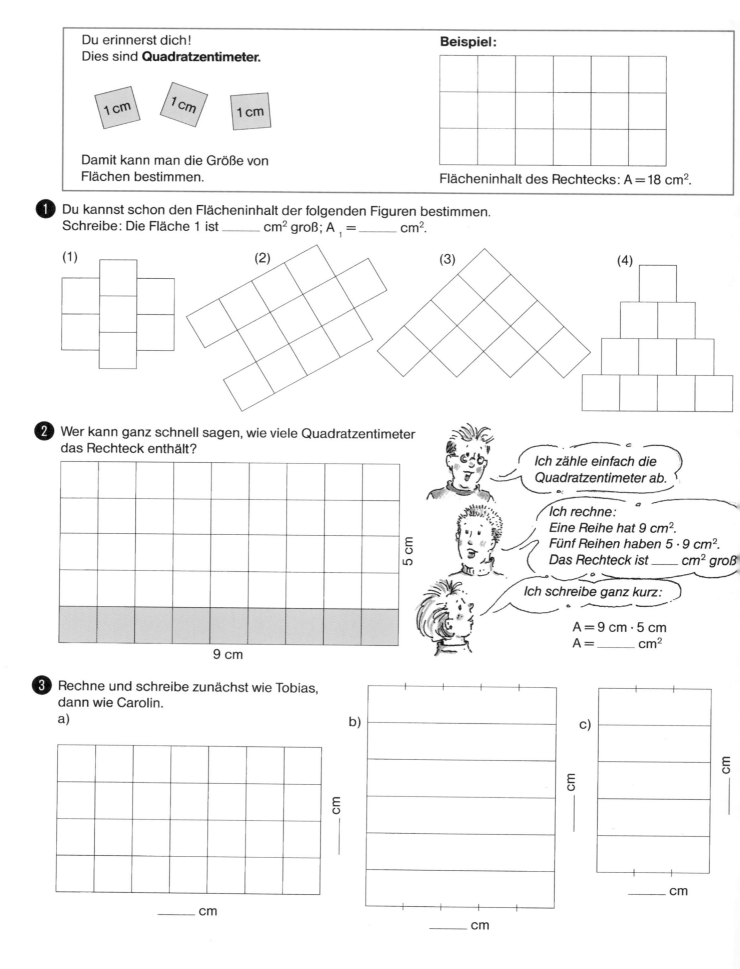

Du erinnerst dich!
Dies sind **Quadratzentimeter.**

1 cm   1 cm   1 cm

Damit kann man die Größe von
Flächen bestimmen.

Beispiel:

Flächeninhalt des Rechtecks: A = 18 cm².

1 Du kannst schon den Flächeninhalt der folgenden Figuren bestimmen.
Schreibe: Die Fläche 1 ist _____ cm² groß; A_1 = _____ cm².

(1)   (2)   (3)   (4)

2 Wer kann ganz schnell sagen, wie viele Quadratzentimeter
das Rechteck enthält?

9 cm

5 cm

*Ich zähle einfach die
Quadratzentimeter ab.*

*Ich rechne:
Eine Reihe hat 9 cm².
Fünf Reihen haben 5 · 9 cm².
Das Rechteck ist _____ cm² groß*

Ich schreibe ganz kurz:

A = 9 cm · 5 cm
A = _____ cm²

3 Rechne und schreibe zunächst wie Tobias,
dann wie Carolin.

a)

_____ cm

b)

_____ cm

_____ cm

c)

_____ cm

_____ cm

4 Kannst du hier die Anzahl der Quadratzentimeter je Reihe und die Anzahl der Reihen erkennen? Bestimme dann den Flächeninhalt.

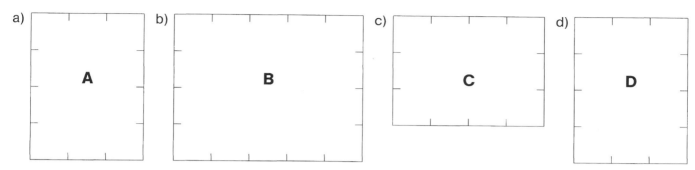

a) A   b) B   c) C   d) D

5 Hier brauchst du ein Lineal, um die Anzahl der cm² je Reihe und die Anzahl der Reihen im Rechteck bestimmen zu können. Rechne dann jeweils die Flächeninhalte aus.

a) E   b) F   c) G

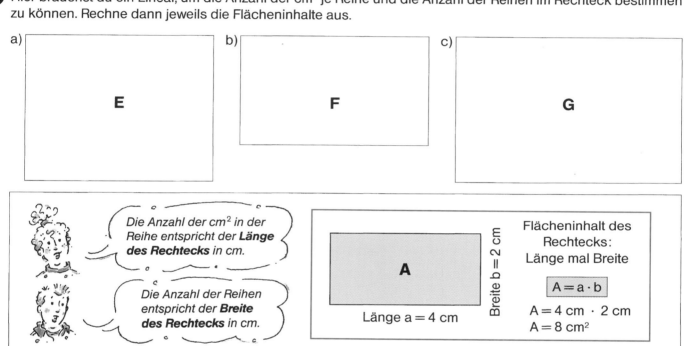

Die Anzahl der cm² in der Reihe entspricht der **Länge des Rechtecks** in cm.

Die Anzahl der Reihen entspricht der **Breite des Rechtecks** in cm.

Flächeninhalt des Rechtecks:
Länge mal Breite

$$A = a \cdot b$$

$A = 4$ cm $\cdot$ 2 cm
$A = 8$ cm²

Länge a = 4 cm

Breite b = 2 cm

A

6 Zeichne die folgenden Rechtecke in dein Heft und berechne ihren Flächeninhalt.

a) Länge a = 5 cm
Breite b = 6 cm

b) Länge a = 3 cm
Breite b = 7 cm

c) Länge a = 6 cm
Breite b = 2 cm

d) Länge a = 4 cm
Breite b = 8 cm

7 Du kannst nun sicher schon den Flächeninhalt berechnen, ohne zu zeichnen.

a) a = 7 cm
b = 9 cm

b) a = 11 cm
b = 6 cm

c) a = 15 cm
b = 10 cm

d) a = 27 cm
b = 12 cm

e) a = 17 cm
b = 94 cm

8 Diese Flächeninhalte findest du auch heraus.

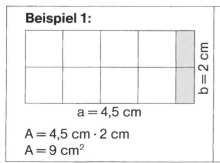

Beispiel 1:

a = 4,5 cm

b = 2 cm

A = 4,5 cm · 2 cm
A = 9 cm²

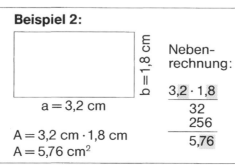

Beispiel 2:

a = 3,2 cm

b = 1,8 cm

Neben-
rechnung:

3,2 · 1,8
32
256
5,76

A = 3,2 cm · 1,8 cm
A = 5,76 cm²

a) a = 6,5 cm; b = 4 cm

b) a = 6 cm; b = 3,5 cm

c) a = 10 cm; b = 4,6 cm

d) a = 2,5 cm; b = 3,5 cm

e) a = 14,7 cm; b = 8,3 cm

1 Michael möchte eine rechteckige Blumenwiese einsäen. Sie ist 5 m lang und 4 m breit. Es gibt Samenpackungen für 25 m² und 60 m² Bodenfläche. Welche Packung soll er kaufen?
Michael zeichnet zuerst verkleinert und rechnet dann.

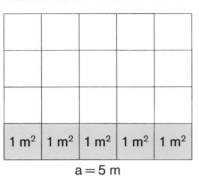

Michael denkt:

*In eine Reihe passen 5 m².
Es sind 4 Reihen.*

Er rechnet:
A = 5 m² · 4
A = _____ m²

Tina sagt

*Ich rechne einfach
Länge mal Breite.*

Sie rechnet:
A = 5 m · 4 m
A = _____ m²

2 Berechne den Flächeninhalt.
a) Rechtecke

a	14 m	30 m	24 m	12,5 m
b	8 m	5 m	91 m	7 m

b) Quadrate

a	5 m	42 m	2,5 m

3 Die Decke in der Klasse soll gestrichen werden. Die Fensterseite ist 10 m lang, die Tafelseite 7 m lang. Ein Eimer Farbe reicht für 50 m².

4 Die Kinder sollten die Maße ihrer Zimmer mit in die Schule bringen. Heiko weiß nur noch, daß sein Zimmer 5 m lang und 15 m² groß war. Die Breite hat er vergessen.

5 Hier findest du verschiedene Flächen. Ihre Größe kannst du berechnen, indem du sie in Rechtecke und Quadrate unterteilst.

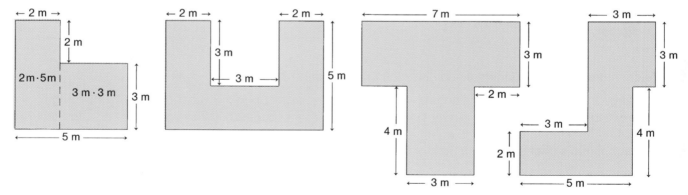

6 Lege eine Briefmarke auf Millimeterpapier. Umfahre die Briefmarke mit einem Bleistift und bestimme den Flächeninhalt der Briefmarke in mm².

Das sind sehr kleine Quadrate (1 mm Länge; 1 mm Breite). Sie haben einen Flächeninhalt von einem **Quadratmillimeter.**

Wie viele Quadratmillimeter (mm²) passen in 1 cm²?

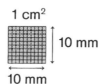

1 cm²

10 mm

10 mm

In eine Reihe passen 10 mm².
Es sind 10 Reihen, also 10 · 10 mm².

1 cm² = 100 mm²

1

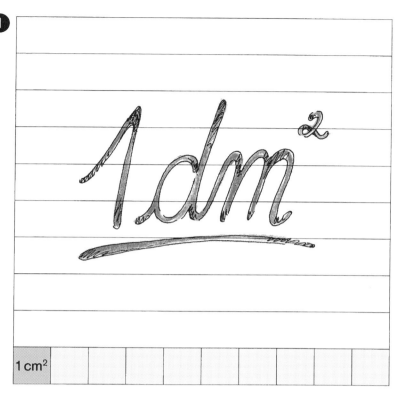

1 cm²

Das ist ein Quadratdezimeter
(Länge: 1 dm = 10 cm;
Breite: 1 dm = 10 cm).

a) Zeichne 1 dm² in dein Heft.
b) Zeichne alle cm² ein.
c) Bestimme die Anzahl der cm²,
   die in 1 dm² passen.
Schreibe:
   In eine Reihe passen _____ cm².
   In einen dm² passen _____ Reihen.
   In einen dm² passen _____ cm².

$$1 \text{ dm}^2 = \underline{} \text{ cm}^2$$

d) Wie viele dm² passen in einen m²?
   Schreibe wie bei c).

2 Suche Gegenstände, die etwa die Größe von 1 m², 1 dm², 1 cm², 1 mm² haben.
Benutze sie, um andere Flächen damit zu vergleichen.

    1 m² – Teilfläche der Tafel   1 cm² – Fingernagel
    1 dm² – Fliese   1 mm² – Streichholzende

3 Schätze zuerst und berechne dann den Flächeninhalt.

a) Wie viele mm² hat ein Rechenkästchen in deinem Heft?
b) Wie viele cm² hat ein 10-€-Schein?
c) Wie viele dm² hat etwa dein Schultisch?
d) Wie viele m² ist dein Klassenraum ungefähr groß?

4 Mario hat aus Versehen die Maßeinheiten weggewischt. Vervollständige.

Postkarte:	A = 66 ___
Wohnzimmer:	A = 24 ___
Briefmarke:	A = 140 ___
Schultafel:	A = 4 ___

Schalterknopf:	A = 324 ___
Küchentisch:	A = 1 ___
Taschenrechner:	A = 60 ___
Bilderrahmen:	A = 6 ___

5 Flächenmaße kann man umrechnen.

1 m

1 m

m²	dm²	cm²	mm²
1	0	0	
	1	0	0
		1	0	0

1 m²   = 100 dm²
1 dm² = 100 cm²
1 cm² = 100 mm²

m²	dm²	cm²	mm²
1	3	0	0
		9	0	0
	2	4	0	0
5	0	0	

13 m² = 1300 dm²
9 cm²   = _____ mm²
24 dm² = _____ cm²
5 m²   = _____ dm²

1 Eine Schule hat noch 2 544 € für Arbeitsmittel zur Verfügung. Jede der 12 Klassen soll den gleichen Anteil bekommen.

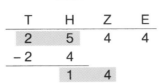

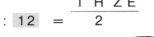

Auch Tausender kann man in Gedanken in die nächst kleinere Sorte (Hunderter) umwechseln.

T	H	Z	E			T	H	Z	E
2	5	4	4	: 12	=			2	
−2	4								
		1	4						
		⋮							

Verteile weiter.

Wie viel € erhält jede Klasse? Jede Klasse erhält _____ €.

2 Bei einem Schulfest werden 3 356 € an Spenden eingenommen. Das Geld soll zu gleichen Teilen an 13 verschiedene Kinderheime verteilt werden.

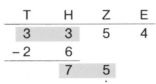

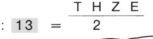

Zwei Tausender kann ich nicht an 12 verteilen. Ich wechsle sie in Gedanken in 20 Hunderter. 20 Hunderter + 5 Hunderter = 25 Hunderter.

T	H	Z	E			T	H	Z	E
3	3	5	4	: 13	=			2	
−2	6								
		7	5						
		⋮							

Verteile weiter.

Wie viel € bekommt jedes Heim? Jedes Heim bekommt _____ €.

3 Auch hier werden Geldbeträge verteilt. Nimm die Überschlagsrechnung zu Hilfe.

Beispiel:

T	H	Z	E			T	H	Z	E
8	0	3	7	: 1 9	=				4
−7	6								

80 : 19
≈ 80 : 20
8 : 2 = 4
80 : 19 ≈ 4

a) 4108 € : 13
   6012 € : 18
   6840 € : 15

b) 5814 € : 17
   5168 € : 16
   9810 € : 15

c) 4404 € : 12
   5488 € : 14
   5520 € : 16

d) 6783 € : 19
   7128 € : 18
   8460 € : 20

4

Barpreis
1068,–

Auch zahlbar in 12 Monatsraten.

Berechne die Höhe einer Rate.
Eine Rate beträgt _____ €.

5 a) Herr Meier verdient im Jahr 28 644 €. Wie viel € verdient er in einem Monat?

b) Herr Meier bezahlt im Jahr 5 580 € Steuern. Wie viel bezahlt er in einem Monat?

c) Wie hoch ist der Verdienst von Herrn Meier nach Abzug der Steuern?

6 Auch hier wird dividiert.

km-Stand:
1. Januar:
0 3 7 2 1 5
31. Dezember:
0 4 6 7 3 1

Der Kilometerzähler des Pkw von Familie Schulze wies am 1. Januar und am 31. Dezember die nebenstehenden Kilometerstände auf.

a) Wie viel km wurden mit dem Auto in einem Jahr gefahren?

b) Wie viel km wurden durchschnittlich in einem Monat gefahren?

7 Familie Müller ist mit ihrem Auto im Jahr 28 272 km gefahren. Wieviel km ist sie durchschnittlich je Monat gefahren? Rechne mit Hilfe des Zahlenhauses.

8 Bei diesen Divisionsaufgaben musst du ein wenig aufpassen. Rechne im Zahlenhaus.

a) 3 6 7 2 km : 1 2
   5 3 0 4 km : 1 3
   8 4 4 2 km : 1 4
   7 5 4 5 km : 1 5
   4 9 1 2 km : 1 6

b) 7 4 4 0 € : 1 2
   7 0 2 0 € : 1 3
   6 2 4 0 € : 1 6
   8 4 6 0 € : 1 8
   9 3 1 0 € : 1 9

c) 7 8 0 0 : 1 3
   4 2 0 0 : 1 4
   8 5 0 0 : 1 7
   7 2 0 0 : 1 8
   9 1 0 0 : 1 3

9 Die Seilbahnen im Hochgebirge beförderten im Monat August viele Feriengäste.

a) Die Seilbahn Hochspitz kann bei jeder Fahrt 12 Personen befördern. 4 380 Personen hatten eine Fahrkarte gelöst. Wie oft musste die Seilbahn mindestens fahren?

b) Die Kabine der Seilbahn Hocheck fasst jeweils 19 Personen. 8 075 Personen wurden befördert. Wie oft musste die Seilbahn fahren?

c) Die Seilbahn Steilwand fasst 13 Personen. 6 604 Personen wurden befördert.

d) Die Kabine der Seilbahn Gletscherfirst fasst 18 Personen. 8 460 Personen wurden befördert.

e) 8 400 Personen hat die Seilbahn Spitzhorn befördert. Die Kabine fasst jeweils 14 Personen.

1 Hier bleibt ein Rest.

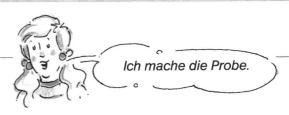

Ich mache die Probe.

Tina rechnet:

```
  T H Z E            T H Z E
  8 0 1 7  € : 1 9 =  4 2 1 € R 18 €
- 7 6
    4 1
  - 3 8
    3 7
  - 1 9
    1 8
```

```
    4 2 1  €  · 1 9
         4 2 1           7 9 9 9  €
       3 7 8 9         + 1 8  €  („Rest")
       7 9 9 9  €       8 0 1 7  €
```

18 € bleiben übrig. Sie reichen nicht mehr für 19 Personen.

Tina hat richtig gerechnet.

a) 9229 € : 12   b) 5120 € : 13   c) 4040 € : 1⬤

d) 7400 € : 18   e) 6301 € : 19   f) 8888 € : 1⬤

2 Hier werden die restlichen € in Cent gewechselt.

```
      €                €      ct
  T H Z E          T H Z E
  7 3 0 0 : 1 6 =   4 5 6  ,  _ _
- 6 4
    9 0
  - 8 0
    1 0 0
    - 9 6
        4
```

a)   6 9 3 9,0 0 € : 1⬤
b) 1 0 5 3 2,0 0 € : 1⬤
c)   4 0 2 3,7 5 € : 1⬤
d)   6 3 2 0,9 9 € : 1⬤
e)   6 6 2 0,6 5 € : 1⬤

Jetzt kannst du die vier Euro in Zehncentstücke umwechseln. Da du jetzt Cent verteilst, musst du ein Komma setzen. Rechne weiter.

3 Manchmal bleiben einzelne Cent als Rest.

```
      €      ct              €      ct
  T H Z E                T H Z E
  7 3 2 5 , 1 7 : 1 3 =   5 6 3 , 4 7  € R 6 ct
- 6 5
    8 2
  - 7 8
    4 5
  - 3 9
      6 1
    - 5 2
        9 7
      - 9 1
          6
```

a) 7 9 6 3,1 7 € : 1 2
b) 8 2 0 9,1 5 € : 1 3
c) 4 3 6 7,1 6 € : 1 9
d) 7 6 1 6,0 5 € : 1 8
e) 8 2 0 1,2 0 € : 1 5
f) 7 6 0 0,2 5 € : 1 7
g) 6 2 0 5,0 2 € : 1 4

6 Cent bleiben übrig. Sie lassen sich nicht mehr verteilen.

1   Jetzt brauchen wir die Überschlagsrechnung.

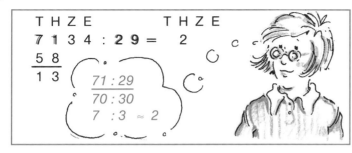

```
T H Z E          T H Z E
7 1 3 4 : 2 9 =    2
5 8
1 3      71 : 29
         70 : 30
         7  : 3  ≈ 2
```

a)
```
3 6 9 6 : 2 4
8 7 3 3 : 7 1
9 7 1 7 : 7 9
9 1 2 6 : 3 9
9 0 3 0 : 3 5
```

b)
```
9 2 8 2 : 2 6
9 5 4 1 : 2 9
4 0 9 4 : 4 6
1 4 7 2 : 3 2
5 1 3 3 : 5 9
```

2   Bitte aufpassen!
```
8 6 1 0 : 4 2
9 9 9 9 : 3 3
5 3 4 1 : 4 9
9 9 3 6 : 4 8
8 9 3 2 : 2 9
```

3   Rechne mit Rest.
```
9 5 7 0 : 2 3
9 8 0 0 : 4 6
8 8 6 0 : 2 9
9 7 7 2 : 3 2
9 4 6 0 : 3 5
```

4   Rechne auf den Cent genau.
```
9 3 2 7, 1 3  €  : 4 3
4 3 6 8, 1 7  €  : 5 8
4 0 2 5, 0 5  €  : 2 5
7 0 0 6, 2 5  €  : 6 8
8 2 0 0, 0 5  €  : 7 2
```

5   Familie Meier kauft ein gebrauchtes Auto für 9 792 €.
Sie möchte die Summe in 36 Monatsraten abtragen.
Welchen Betrag muss die Familie jeden Monat bezahlen?

6   28 Anlieger einer neuen Straße müssen die Gebühren
von 9 626,96 € zu gleichen Teilen tragen.
Wie viel € muss ein Anlieger bezahlen?

7   Rechne die durchschnittliche monatliche Fahrleistung aus.
Welches Auto ist monatlich die meisten Kilometer gefahren?

km-Stand	HB–A 276	F–AH 371	H–DU 305	BS–B 401
am 1.1.	0 3 4 5 3 7	0 8 2 3 7 9	0 5 4 3 2 1	1 1 2 3 9 7
am 31.12.	0 4 3 4 5 2	0 9 0 4 3 0	0 6 2 9 3 9	1 2 0 2 1 7

8    Für den Bau einer Brücke werden 9 594 t Beton
benötigt. 3 Betontransporter können jeweils 26 t
transportieren. Wie oft müssen sie fahren?

1 Wer wagt sich an diese Aufgabe?

Ein Großraumflugzeug hat in 21 Tagen 95 907 km zurückgelegt.
Wie viel km ist es durchschnittlich an einem Tag geflogen?

2 Rechnen mit Überschlag.

```
              ZT T H Z E
90168 € : 39 =    2 . . .
- 78
  121
```

Hier muss ich wieder die Überschlagsrechnung anwenden.

90 : 39
≈ 90 : 40
9 : 4 ≈ 2

a) 9 0 1 6 8 : 3 9 b) 3 6 1 8 4 0 : 8 0
    7 8 4 7 4 : 2 2   2 6 4 8 1 0 : 7 0
    9 6 8 1 3 : 3 1   6 8 5 6 7 8 : 6 8
    8 3 3 2 5 : 2 5   5 3 9 1 7 6 : 8 8
    2 8 6 3 5 : 6 9   8 9 0 4 3 5 : 9 1

3 Hier musst du gut aufpassen.

Das Zahlenhaus hilft, Fehler zu vermeiden.

Ich mache zur Kontrolle die Probe.

a) 1 0 1 4 0 0 : 2 5 b) 1 8 6 0 9 3 : 3
    2 3 9 5 5 2 : 3 8   6 2 3 4 4 5 : 8 9
    2 7 6 1 8 5 : 9 1   1 7 0 8 0 0 : 5 6
    3 9 9 6 4 1 : 4 7   2 5 9 7 2 0 : 4 3
    4 7 3 7 7 2 : 7 8   1 5 1 4 0 0 : 6 3

4 a) Rechne auf den Cent genau.

    9 5 9 4 3, 7 5 € : 2 1
    2 2 6 8 9 9, 7 7 € : 2 9
    5 5 9 2 9 9, 1 4 € : 8 9
    3 0 9 5 8 8, 8 0 € : 3 2
    6 7 0 8 9 5, 2 6 € : 9 8

b)

    7 4 6 5 2 9 1, 1 7 € : 5 7
    2 4 1 6 3 9 1, 0 5 € : 5 9
    1 2 4 7 2 0 0, 1 0 € : 6 2
    4 0 4 0 0 4 0, 4 0 € : 6 8
    5 0 0 0 5 5, 0 5 € : 7 5

5 In der Zeitung stand:

Die 18 Heimspiele der ersten und zweiten Bundesliga besuchten 379 764 Zuschauer.
Wie viel Zuschauer waren es durchschnittlich je Heimspiel?

1

a) Welche Tageseinnahmen hat das Kaufhaus Gut?

Lebensmittelabteilung: 30 975,17 €
Konfektionsabteilung: 47 032,05 €
Haushaltswaren: 4 702,79 €

b) Kaufhaus Billig hat in den einzelnen Abteilungen folgende Einnahmen:

Lebensmittelabteilung 28 312,15 €,
Konfektionsabteilung 49 305,88 €,
Haushaltswaren 8 399,46 €.

c) Welches Kaufhaus hätte den höheren Umsatz?

d) Wie groß ist der Unterschied zwischen den Tageseinnahmen der beiden Kaufhäuser?

2

Frau Klug kauft ein:
2,5 kg Kartoffeln, 1 kg Orangen, 500 g Mehl,
Katzenfutter 420 g, 2 Milchtüten zu je 1080 g,
Radieschen 450 g, 1 Gurke 600 g.
Der Korb wiegt 875 g.

a) Welches Gewicht muss Frau Krug tragen?
b) Wandle das Gesamtgewicht in kg um.

3 Heike kauft für die Klasse Bleistifte.
Ein Bleistift kostet 45 ct. Die Klasse hat 19 Kinder.

4 Eine Dose Katzenfutter kostet 0,69 €.
Mutter kauft 24 Dosen.

5 97 345,75 DM kostet die Renovierung eines Altbaus.
Der Betrag soll in 96 Monatsraten gezahlt werden.
Wie hoch ist die monatliche Belastung?

6 Runde auf ganze Cent.

396,794 €	38,4718 €
423,596 €	30,9951 €
817,275 €	2,0102 €
10,094 €	10,0991 €

Schreibe so: 396,794 € ≈ 396,79 €

7 Rechenrätsel:

a) Wenn ich zu der Hälfte meiner Zahl 1 addiere, erhalte ich 300 001.

b) Wenn ich von dem Doppelten meiner Zahl zwei subtrahiere, erhalte ich 399 998.

1 In der Küche der Familie Wagner gibt es viele Gefäße.

a) Zeige einige Gefäße und nenne ihre Namen.

b) Womit sind die Gefäße gefüllt?

c) Wozu werden sie benötigt?

2 Der Rauminhalt (das Volumen) eines Gefäßes reicht manchmal nicht aus:

a) Wie würdest du diese Probleme lösen?

b) Wovon hängt die Größe des Rauminhaltes (des Volumens) ab?

3 Tom und Tina haben fünf verschiedene Gefäße. Sie wollen sie nach der Größe ihres Volumens ordnen. Zuerst schätzen sie. Dann überprüfen sie durch Umgießen von Wasser. Probiert es selber einmal aus!

4 Auch diese „Behälter" haben ein Volumen.

a) Fallen dir noch weitere Beispiele für große „Behälter" ein?

b) Womit können Behälter gefüllt werden?

c) Hat auch ein aufgeblasener Luftballon ein Volumen?

Dieser Würfel ist 1 cm lang, 1 cm breit und 1 cm hoch. Er hat ein Volumen von 1 cm³.

1 Tina hat kleine Schachteln mitgebracht. Wie viel cm³-Würfel passen hinein?

1 Reihe hat 2 cm³
3 Reihen haben 2 cm³ · 3
1 Schicht hat 6 cm³

a) 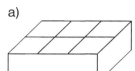 b) 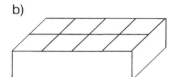 c)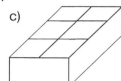

2 Tom hat mehrere gleiche Schachteln übereinandergestapelt. Wie viel cm³-Würfel benötigt er, wenn er die Schachteln jeweils voll ausfüllt?

In 1 Schicht passen 6 cm³. 3 Schichten sind es. Also …

a)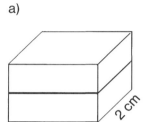
3 cm, 2 cm

b)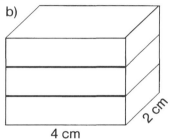
4 cm, 2 cm

c)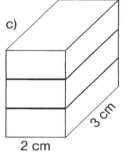
2 cm, 3 cm

3 Wieviel Schachteln sind hier übereinandergestapelt? Die Anzahl der cm³-Würfel kannst du sicher schon berechnen.

Wenn die Schachtel 4 cm hoch ist, sind es 4 Schichten. Das Volumen beträgt demnach:
$V = 6\ cm^3 \cdot 4 = \square\ cm^3$

a)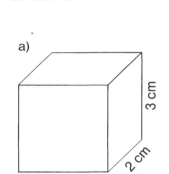
3 cm, 3 cm, 2 cm

b)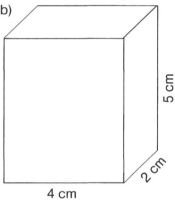
5 cm, 4 cm, 2 cm

c)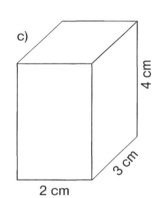
4 cm, 2 cm, 3 cm

4 Wie viele cm³-Würfel passen in diese Schachteln? Rechne im Heft.

a)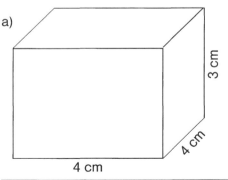
3 cm, 4 cm, 4 cm

b)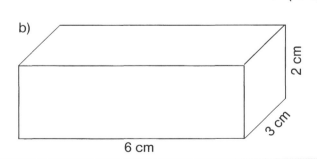
2 cm, 6 cm, 3 cm

5 | Den Inhalt kleiner Behälter berechnen wir in Kubikzentimeter – cm³. Volumen (V) = Länge · Breite · Höhe. |

Berechne auch das Volumen dieser Schachteln im Heft. Wie viel cm³-Würfel passen hinein?

	Länge	Breite	Höhe		Länge	Breite	Höhe
a)	5 cm	2 cm	2 cm	d)	6 cm	3 cm	1 cm
b)	3 cm	5 cm	2 cm	e)	7 cm	1 cm	2 cm
c)	2 cm	3 cm	3 cm	f)	5 cm	5 cm	2 cm

Die Schüler der Klasse 6b haben von zu Hause verschiedene Gefäße mitgebracht. Sie wollen das Volumen dieser Gefäße bestimmen.

a)    b)    c)   d)    e)

Ingo schlägt vor, die Gefäße mit cm³-Würfeln auszumessen. Ist das möglich?

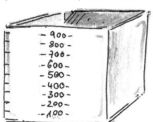 Jens hat eine andere Idee, um das Volumen der Gefäße zu bestimmen: Er erinnert sich an den durchsichtigen Rechenwürfel (Liter-Würfel) aus der Klasse 5.

10 cm · 10 cm · 10 cm = 1000 cm³

Wir füllen die Gefäße ganz mit Wasser und gießen dann das Wasser in unseren Messwürfel.

Ich schätze, es sind ungefähr 630 cm³

Jetzt meine ich, es wären ungefähr 750 cm³

a) Messt wie Jens das Volumen verschiedener Gefäße.

b) Warum sagt Jens immer „ungefähr"?
Mit welchem der Messzylinder von Aufgabe 3 kann man genauer messen?

c) Verwende Messzylinder zur Bestimmung des Volumens von kleinen Gefäßen.

 Verschiedene Messbecher. Wie viel Wasser enthalten sie?

a)    b) 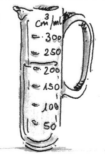   c)    d)

 Martin und Ulla messen Wasser mit einem Messbecher. Sie lesen das Volumen am Messbecher ab:

Es sind genau 1000 Milliliter.

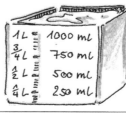

Es sind 1000 Kubikzentimeter.

1000 cm³ = 1000 ml = 1 l

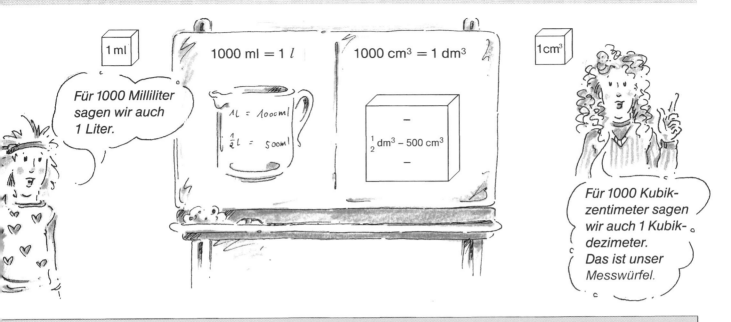

> **Für 1000 Milliliter sagen wir auch 1 Liter.**

1000 ml = 1 l 1000 cm³ = 1 dm³

$1\,l = 1000\,ml$
$\frac{1}{2}\,l = 500\,ml$

$\frac{1}{2}$ dm³ – 500 cm³

> **Für 1000 Kubikzentimeter sagen wir auch 1 Kubikdezimeter. Das ist unser Messwürfel.**

1000 Kubikzentimeter = 1 Kubikdezimeter = 1 Liter
1000 cm³   =   1 dm³   = 1 l

---

1 Was geschieht, wenn du 1 Liter Wasser in 1 dm³-Würfel gießt?
Überprüfe deine Vermutung.

2 Wie viele Liter, wie viele Kubikdezimeter? Verwende das Zahlenhaus.

T H Z E
4 0 0 0 cm³ = 4 dm³ = 4 l

T H Z E
2 5 0 0 ml = 2 l 5 0 0 ml = 2,5 l

a) 5 0 0 0 cm³
   7 0 0 0 cm³
1 5 0 0 0 cm³
   9 0 0 0 cm³

b) 8 0 0 0 ml
   3 0 0 0 ml
1 0 0 0 0 ml
1 2 0 0 0 ml

c) 3 5 0 0 ml
4 7 0 0 ml
6 2 0 0 cm³
1 2 0 0 cm³

d) 7 5 0 cm³
  8 4 0 cm³
2 0 2 0 cm³
1 0 0 5 ml

3 Wie viele cm³, wie viele ml? Du darfst das Zahlenhaus verwenden.

Beispiel:					
Z	E				dm³/l
	0,	6			
ZT	T	H	Z	E	cm³/ml
		6	0	0	
0, 6 l =	6	0	0	ml	

a) 2 l
5 l
2 dm³
5 dm³
3 l

b) 2,5 l
1,3 l
6,4 l
3,1 l
4,5 l

c) 0,7 l
0,4 l
0,28 l
0,75 l
0,40 l

d) 0,04 l
0,02 l
0,025 l
0,050 l
0,004 l

4 Herr Bogner kauft eine 6er-Packung Limo.
Es sind Halbliter-Dosen.

a) Wie viel Liter Limo hat Herr Bogner insgesamt gekauft?

b) Wie viel Kubikdezimeter sind das?

c) Wie viel Liter Limo sind in einer 24-Dosen-Palette?

5 Ein Weinbauer hat 75 dm³ Traubensaft gepresst.

a) Wie viele Liter-Flaschen benötigt er zum Abfüllen?

b) Wie viele Halbliter-Flaschen kann er damit füllen?

1 Obstbauer Hansen presst Apfelsaft.

Er fängt den gepressten Saft an der Presse mit einem 10-l-Eimer auf.

a) Wie oft kann er den vollen Eimer in das Fass schütten?

b) Wie viele Hektoliter Saft sind es, wenn insgesamt 40 Eimer voll werden?

<table>
<tr><td colspan="2">**1 Hektoliter = 100 Liter**</td></tr>
<tr><td colspan="2">**1 hl   =   100 l**</td></tr>
</table>

ZT	T	H	Z	E	l
	3	4	0	0	l
	H	Z	E		hl
	3	4,	0	0	hl

2   Rechne im Heft: Du darfst das Zahlenhaus verwenden.

a) 200 l = _____ hl   b) 3 hl = _____ l c) 370 l = _____ hl _____ l d) 2,25 hl = _____ l
   400 l = _____ hl   7 hl = _____ l 425 l = _____ hl _____ l 0,75 hl = _____ l
   1000 l = _____ hl   15 hl = _____ l 75 l = _____ hl _____ l 0,05 hl = _____ l
   50 l = _____ hl   ½ hl = _____ l 260 l = _____ hl _____ l 0,09 hl = _____ l
   550 l = _____ hl   1½ hl = _____ l 706 l = _____ hl _____ l 0,40 hl = _____ l

3 Wie viel Liter Milch fasst der Tankwagen?

Rechne so: 1 hl =   100 l
     10 hl =   10 · 100 l = _____ l
     100 hl = 100 · 100 l = _____ l

4 Der Milch-Tankwagen holt von folgenden Bauernhöfen die Milch ab:

     Hempen: 950 l Claußen: 20 hl
     Korte: 13 hl   Sanders: 1250 l
     Eiting: 820 l Bender: 8 ½ hl

a) Wie viel Liter Milch hat der Tankwagen insgesamt abgeholt?

b) Wie viel Hektoliter sind das?

5 Familie Weikert hat Heizöl bestellt.
Der Tankwagen ist voll beladen.
In Weikerts Heizöltank befinden sich
noch 500 Liter. Er wird ganz gefüllt.

a) Wie viel Liter Öl erhalten Weikerts?

b) Wie viel Liter befinden sich noch im Tankwagen?

1 Wir wandeln Liter in Milliliter um.

Wir wandeln ml in *l* um.

a) 1 *l* + 500 ml = 1500 ml = 1,500 *l*
   4 *l* + 1 000 ml = _____ ml = _____ *l*
   7 *l* + 3 000 ml = _____ ml = _____ *l*
   5 *l* + 2 600 ml = _____ ml = _____ *l*
   9 *l* + 4 300 ml = _____ ml = _____ *l*

b) 4 *l* – 500 ml = 3500 ml = 3,500 *l*
   6 *l* – 4 000 ml = _____ ml = _____ *l*
   10 *l* – 2 500 ml = _____ ml = _____ *l*
   8 *l* – 1 800 ml = _____ ml = _____ *l*
   11 *l* – 3 600 ml = _____ ml = _____ *l*

1 l = 1000 ml

2 Wandle um.

a) 4 516 ml = 4 *l* 516 ml = 4,516 *l*
   12 420 ml = _ *l* ___ ml = _____ *l*
   586 ml = _ *l* ___ ml = _____ *l*

b) 8 *l* 206 ml = 8206 ml = 8,206 *l*
   14 *l* 26 ml = _____ ml = _____ *l*
   3 *l* 4 ml = _____ ml = _____ *l*

3 Ilse mischt für ihre Geburtstagsfeier verschiedene Säfte:
1½ *l* Apfelsaft, 1 *l* Birnensaft,
750 ml Orangensaft und 250 ml
Traubensaft. Wie viel Liter Saft
ergibt das?

4 Für seine Geburtstagsfeier
mischt Walter folgende Säfte:
4 *l* 500 ml Maracujasaft,
2 *l* Traubensaft, 750 ml Grapefruit-
saft und 75 ml Zitronensaft.

5

Marlies wohnt auf einem Bauernhof.
Sie füllt mit einem 5-l-Eimer eine
Viehtränke. Die Tränke fasst 1 hl.

a) Wie viele Eimer Wasser muss Marlies
holen, damit die Tränke voll ist?

b) Wie oft müsste sie mit einem
10-l-Eimer gehen?

6 Wie viel Liter fehlen noch bis zum nächsten Hektoliter?
Schreibe so: 80 *l* + 20 *l* = 100 *l* = 1 hl

1 hl = 100 l

a) 50 *l*	b) 170 *l*	c) 375 *l*	d) 18 *l*	e) 103 *l*
20 *l*	430 *l*	725 *l*	39 *l*	401 *l*
70 *l*	640 *l*	815 *l*	72 *l*	707 *l*
10 *l*	590 *l*	645 *l*	7 *l*	906 *l*

7 Gib die Rechenergebnisse
der folgenden Aufgaben
in *l* und hl an.
Beispiel:
4 hl + 150 *l* = 550 *l* = 5,5 hl

a) 4 hl + 150 *l*
   8 hl + 200 *l*
   3 hl + 50 *l*
   17 hl + 420 *l*
   15 hl + 1 500 *l*
   9 hl + 2 450 *l*

b) 1 hl – 20 *l*
   5 hl – 32 *l*
   2 hl – 40 *l*
   3 hl – 160 *l*
   16 hl – 1 500 *l*
   40 hl – 1 250 *l*

c) 2,20 hl + 3,30 hl
   0,50 hl + 1,35 hl
   400 *l* – 2,50 hl
   5 hl – 3,2 hl
   700 *l* + 25 *l*
   8 *l* + 99 *l*

1 In einem Betonwerk werden Steine hergestellt.
Sie sind 10 cm lang, 10 cm breit und 10 cm hoch.
Zum Transport werden sie auf Paletten gesetzt.

Jede Palette ist 1 m lang und 1 m breit.
Es werden 10 Schichten von Steinen aufeinandergesetzt.

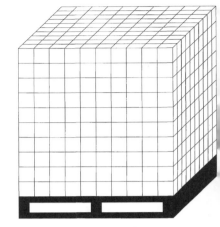

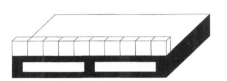

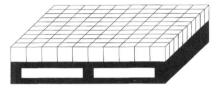

1 Reihe = 10 Steine
  = 10 dm³-Würfel

1 Schicht = _____ Steine
  = _____ dm³-Würfel

1 volle Palette = _____ Steine
  = _____ dm³-Würfel

a) Welches Volumen hat jeder Betonstein?
b) Wie viele Steine stehen auf einer vollen Palette?
c) Welche Kantenlänge hat der Steinwürfel auf der Palette?

Auf einer vollen Palette stehen 1 Kubikmeter Steine.

Wir rechnen:

Länge · Breite · Höhe = Volumen

$$1 \text{ m} \cdot 1 \text{ m} \cdot 1 \text{ m} = 1 \text{ m}^3$$

1000 dm³ = 1 m³

Die Tausender der dm³ sind die Einer der m³.

2 Kannst du nun umwandeln?

a) 8 000 dm³ = 8,000 m³
   12 000 dm³ = _____ m³
   25 000 dm³ = _____ m³
    1 500 dm³ = _____ m³
    3 800 dm³ = _____ m³

b) 3 m³ = 3000 dm³
    7 m³ = _____ dm³
   14 m³ = _____ dm³
   32 m³ = _____ dm³
   87 m³ = _____ dm³

c) 7,500 m³ = 7500 dm³
   2,900 m³ = _____ dm³
   0,350 m³ = _____ dm³
   0,040 m³ = _____ dm³
   0,007 m³ = _____ dm³

3 Mit dem Gabelstapler werden die vollen Paletten auf den Hof gestellt. Dichtgedrängt stehen sie nebeneinander und übereinander.

Das Betonsteinlager ist jetzt 8 m lang, 5 m breit und 4 m hoch. Wie viel m³ Steine sind das?

1 Ein Hotel möchte im Keller eine Sauna einbauen.
Sie soll 3 m lang, 2 m breit und 2 m hoch werden.

 a) Für den Kauf des richtigen Saunaofens muss
 der Rauminhalt in m³ berechnet werden.

 b) Die Seitenwände und die Decken werden als
 Fertigteile aus Holz angeliefert.
 Wie viel m² Holzfläche sind es?

2 Die Hotelleitung entschließt sich, die Breite der Sauna zu verdoppeln.

 a) Berechne den neuen Rauminhalt und den neuen Holzbedarf!

 b) Vergleiche die neuen Werte mit den Werten von Aufgabe **1**!

3 Zum Transport von Maschinenteilen werden Holzkisten gefertigt.
Sie sollen 4 m lang, 2 m breit und 1 m hoch sein.

 a) Wie viel m² Holzbretter braucht man (ohne Verstärkungsleisten),
 um eine Kiste bauen zu können?

 Wir überlegen und schreiben:
 Die Bodenfläche ist 4 m · 1 m = ☐ m² groß.
 Der Deckel ist …
 Die 1. Mantelfläche ist …
 ⋮
 Zusammen sind es ☐ m².

 b) Berechne das Volumen der Kiste.

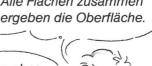

> *Alle Flächen zusammen
> ergeben die Oberfläche.*

> *Die Seitenflächen ohne
> Boden und Deckel nennt
> man auch Mantel.*

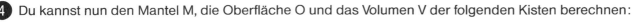

4 Du kannst nun den Mantel M, die Oberfläche O und das Volumen V der folgenden Kisten berechnen:

a)

Länge	Breite	Höhe
2 m	3 m	2 m
2 m	2 m	2 m
4 m	3 m	2 m

b)

Länge	Breite	Höhe
2 m	1,5 m	2 m
2 m	2,5 m	2 m
3 m	1,5 m	2 m

5 Ein Schwimmbecken soll neu gestrichen werden. Es ist 25 m lang, 10 m breit und 2 m tief. Nach dem Anstrich
soll es wieder gefüllt werden.

 a) Wie viel m² müssen gestrichen werden?

 b) Berechne, mit wie viel m³ Wasser das Becken wieder gefüllt wird.

6 Auch kleinere Körper haben ein Volumen und eine Mantelfläche. Berechne:

a)

Länge	Breite	Höhe
60 cm	10 cm	5 cm
15 cm	4 cm	2 cm
100 cm	10 cm	5 cm

b)

Länge	Breite	Höhe
4,5 dm	2 dm	5 dm
5 dm	2,5 dm	4 dm
10 dm	5 dm	0,5 dm

1 Die Schüler der Klasse 6 b basteln digitale Lernuhren.

a) Welche Zahlen kommen bei der Stunden-, Minuten- und Sekunden-anzeige vor?
b) Wie viele Zahlenkärtchen werden für die einzelnen Stellen gebraucht?

2 Zeichne folgende digitale Uhrzeiten in Zeigeruhren.

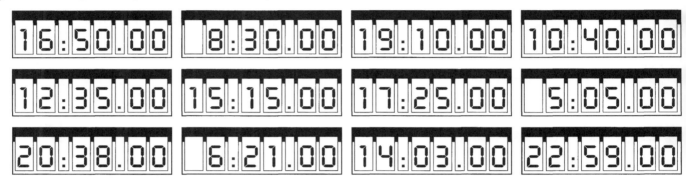

3 Auf dem Bahnhof.

a) Günül möchte ihre Tante vom Bahnhof abholen. Die Tante hatte geschrieben, dass ihr Zug um 16.30 Uhr losfährt. Die Bahn-fahrt soll 1 Std. und 10 Min. dauern. Wann muss Günül am Bahnhof sein, um die Tante pünktlich abzuholen?

Der Zug aus Emden kommt voraussichtlich 40 Minuten später an.

b) Günül hört die Verspätungs-anzeige. Wann wird der Zug ankommen?

c) Wann sind sie zu Hause, wenn sie für den Heimweg noch 30 Minuten brauchen?

4 Eine Fahrradtour.

Inga und Ursel waren am Wochenende mit dem Fahrrad unterwegs. Am Samstag fuhren sie 5 Stunden und 30 Minuten, am Sonntag 4 Stunden und 35 Minuten. Wie lange haben sie insgesamt im Sattel gesessen?

Rechne so im Heft:

```
  5 Std. 30 min
+ 4 Std. 35 min
_____
  __ Std. __ min  =  __ Std. __ min
```

Abkürzungen:

Std. = Stunde
min = Minute
s = Sekunde

Manchmal wird Stunde auch so abgekürzt: 1 Stunde = 1 h

Überprüfe dein Ergebnis mit Hilfe der digitalen Lernuhr.

5 Berechne auch die gesamte Fahrzeit folgender Radwanderungen:

a) 4 h 45 min + 6 h 10 min
b) 3 h 35 min + 5 h 20 min
c) 7 h 20 min + 5 h 50 min
d) 6 h 40 min + 5 h 40 min
e) 2 h 25 min + 8 h 45 min
f) 5 h 15 min + 4 h 55 min
g) $3\frac{1}{2}$ h + $4\frac{1}{2}$ h
h) $5\frac{1}{2}$ h + $3\frac{1}{2}$ h
i) $6\frac{1}{2}$ h + $4\frac{1}{2}$ h + $3\frac{1}{2}$

1

Kannst du die Zeit stoppen?

Mit meiner Armbanduhr nur ungenau.

Werner möchte wissen, wie viel Zeit er für eine Stadionrunde (400 m) benötigt.

a) Warum kann Hans nicht genau messen?

b) Welche Uhren sind zum Messen von kurzen Zeiten besser geeignet?

2 Mit einer Stoppuhr kann man kurze Zeiten genauer und einfacher messen.

Diese Stoppuhren zeigen auch die Zehntelsekunden genau an.

> **0,1 s ist der 10. Teil einer Sekunde.**
> **10 Zehntelsekunden sind 1 Sekunde.**

Elektronische Stoppuhr   *Mechanische Stoppuhr*

a) Beschreibe die elektronische und die mechanische Stoppuhr.
b) Miss mit der Stoppuhr:
   Laufzeiten von Kindern über 50 m oder 100 m;
   Fahrzeiten verschiedener Autos zwischen zwei Begrenzungspfählen an der Straße;
   die Zeit, bis ein Klassenkamerad 5 Flöhe in ein Mal bringt usw.

3 Beim 50-m-Lauf haben die Kinder aus Klasse 6 a folgende Ergebnisse erzielt:

Inge	8,2 s	Gerd	8,0 s	Heinz	10,1 s	Helga	11,4 s
Ali	8,5 s	Esin	7,9 s	Karin	9,1 s	Anton	10,5 s
Hans	9,0 s	Willi	8,5 s	Anke	7,8 s	Bernd	11,5 s

a) Ordne die gelaufenen Zeiten. Beginne einmal bei der schnellsten, dann bei der langsamsten Zeit.

b) Wie viel Sekunden war Hans langsamer als Inge?
c) Wie viele Sekunden war Inge (Ali, Hans, Gerd …) langsamer als Anke?

   Schreibe so: 7,8 s + ☐ s = 8,2 s; …

4 Bei einem Marathonlauf (ca. 42 km) starten drei Mannschaften. Zu jeder Mannschaft gehören drei Läufer. Die Einzelzeiten werden addiert.

Mannschaft	A	B	C
1. Läufer	2 h 35 min 20 s	2 h 40 min 35 s	2 h 25 min 20 s
2. Läufer	2 h 40 min 15 s	3 h 00 min 10 s	2 h 50 min 25 s
3. Läufer	3 h 15 min 25 s	3 h 10 min 15 s	3 h 05 min 15 s
Gesamtzeit:	_ h _ min _ s	_ h _ min _ s	_ h _ min _ s

a) Welche Gesamtzeit ist jede Mannschaft gelaufen?
b) Welche Mannschaft wurde Sieger, welche wurde letzte?

2003

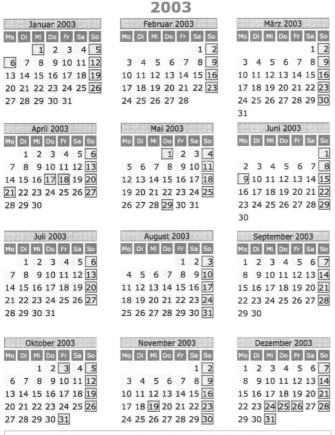

| Januar 2003 | | | | | | |
Mo	Di	Mi	Do	Fr	Sa	So
	1	2	3	4	5
6	7	8	9	10	11	12
13	14	15	16	17	18	19
20	21	22	23	24	25	26
27	28	29	30	31

(Kalenderblätter Januar – Dezember 2003 und Januar – Dezember 2004)

Feiertage 2003:
Neujahr: 1. Januar; Heilige Drei Könige: 6. Januar; Aschermittwoch: 5. März; Karfreitag: 18. April; Ostern: 20. und 21. April; Maifeiertag: 1. Mai; Himmelfahrt: 29. Mai; Pfingsten: 8. und 9. Juni; Fronleichnam: 19. Juni; Ges. Feiertag: 3. Oktober; Allerheiligen: 1. November; Allerseelen: 2. November; Bußtag: 19. November; Totensonntag: 23. November; 1. Advent: 30. November; Weihnachten: 25. und 26. Dezember (Do./Fr.)

2004

Feiertage 2004:
Neujahr: 1. Januar; Heilige Drei Könige: 6. Januar; Aschermittwoch: 25. Februar; Karfreitag: 9. April; Ostern: 11. und 12. April; Maifeiertag: 1. Mai; Himmelfahrt: 20. Mai; Pfingsten: 30. und 31. Mai; Fronleichnam: 10. Juni; Ges. Feiertag: 3. Oktober; Allerheiligen: 1. November; Allerseelen: 2. November; Bußtag: 17. November; Totensonntag: 21. November; 1. Advent: 28. November; Weihnachten: 25. und 26. Dezember (Sa./So.)

1 Zwei Jahre - zwei Kalender

a) Vergleiche beide Kalender. Wie viele Tage hat ein Jahr? Sind die zwölf Monate gleich lang?

b) Auf welche Wochentage fallen der 1. Januar 2003 und der 1. Januar 2004?

c) Wann ist 2003 und 2004 der 1. Weihnachtsfeiertag, wann der Ostersonntag? Fällt dir etwas auf?
Schreibe so auf: 1. Weihnachtsfeiertag 2003: Donnerstag, 25. 12., ...

d) Vergleiche jeweils den Abstand zwischen Pfingsten und Himmelfahrt.

2 Die Termine der Sommerferien in den einzelnen Bundesländern.

Markiere die Sommerferien für 2003 und 2004 der einzelnen Bundesländer auf dem Kalender der Aufgabe 1. Was fällt dir auf?

Sommerferien in der Bundesrepublik Deutschland		
	2003	**2004**
Baden-Württemberg	24.07. – 03.09.	29.07. – 08.09.
Bayern	24.07. – 03.09.	29.07. – 08.09.
Berlin	03.07. – 13.08.	24.06 – 04.08.
Brandenburg	03.07. – 13.08.	24.06 – 04.08.
Bremen	03.07. – 13.08.	24.06 – 04.08.
Hamburg	03.07. – 13.08.	24.06 – 04.08.
Hessen	17.07. – 27.08.	15.07. – 25.08.
Mecklenburg-Vorpommern	03.07. – 13.08.	24.06 – 04.08.
Niedersachsen	03.07. – 13.08.	24.06 – 04.08.
Nordrhein-Westfalen	31.07. – 10.09.	22.07. – 01.09.
Rheinland-Pfalz	17.07. – 27.08.	15.07. – 25.08.
Saarland	17.07. – 27.08.	15.07. – 25.08.
Sachsen	03.07. – 13.08.	24.06 – 04.08.
Sachsen-Anhalt	03.07. – 13.08.	24.06 – 04.08.
Schleswig-Holstein	03.07. – 13.08.	24.06 – 04.08.
Thüringen	03.07. – 13.08.	24.06 – 04.08.

3 Jeder hat an einem bestimmten Tag Geburtstag.

a) An welchem Tag haben die Kinder Geburtstag?
Tina: Heute ist der 5. Juni. Ich habe heute Geburtstag.
Anne: Ich hatte vor 2 Wochen Geburtstag.
Uli: Ich habe in 2 Monaten und einer Woche Geburtstag.
Edi: Ich habe in 4 Wochen und 2 Tagen Geburtstag.

b) Stimmt das?
Rainer: Mein Geburtstag ist immer an Weihnachten.
Gerd: Meiner ist immer an Ostern.
Julia: Meiner ist immer am 1. Mai.
Fritz: Meiner ist immer am ersten Ferientag im Sommer.

1 Betrachte den Autotachometer. Weißt du, was er anzeigt und wie er funktioniert?

Geschwindigkeit wird in km/h angegeben.

50 km/h (50 km pro Stunde) bedeutet:

In einer Stunde werden 50 km zurückgelegt.

2 Geschwindigkeiten

a) Hier siehst du Schilder mit verschiedenen Geschwindigkeiten.

Kannst du ihre Bedeutung erklären?

b) Vervollständige folgende Sätze:

Ein Wanderer geht ca. ☐ km in der Stunde.

Ein ICE-Zug fährt etwa ☐ km/h.

Die empfohlene Höchstgeschwindigkeit auf Autobahnen beträgt ☐ km/h.

Verkehrsflugzeuge fliegen bis zu ☐ km/h.

Ein Radfahrer fährt etwa ☐ km in der Stunde.

3 Wir vergleichen Geschwindigkeiten. Beachte die Angaben in Aufgabe **2** b).

a) Ein Radfahrer ist ungefähr dreimal so schnell wie ein Fußgänger.

b) Ein Auto (im Ort) ist ungefähr _____ so schnell wie ein Fußgänger.

c) Ein Flugzeug ist ungefähr _____ so schnell wie ein Auto.

d) Eine Eisenbahn ist ungefähr _____ so schnell wie ein Radfahrer.

e) Ein Flugzeug ist ungefähr _____ so schnell wie eine Eisenbahn.

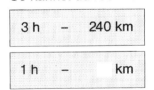

4 Ein Autofahrer fährt in 3 Stunden 240 km. Wie schnell ist er im Durchschnitt in 1 Stunde gefahren?

So kannst du rechnen:

3 h	–	240 km

1 h	–	km

Der Autofahrer ist _____ km/h gefahren.

5 Ein Radrennfahrer fährt in einer halben Stunde 20 km. Wie schnell ist er im Durchschnitt in 1 Stunde gefahren?

So kannst du rechnen:

$\frac{1}{2}$ h	–	20 km

1 h	–	km

Der Radfahrer ist _____ km/h gefahren.

6 Berechne auch hier die Geschwindigkeiten in km/h.

a) 2 h – 1400 km
3 h – 75 km
5 h – 30 km
8 h – 880 km
1 h – 25 km

b) 20 min – 30 km
10 min – 5 km
5 min – 8 km
30 min – 45 km
12 min – 7 km

c) $\frac{1}{4}$ h – 300 km
12 h – 156 km
7 h – 105 km
$\frac{1}{2}$ h – 30 km
1 $\frac{1}{2}$ h – 90 km

Schreibe so: 2 h – 1400 km → 700 km/h; ...

7 Ein Auto fährt im Durchschnitt 90 km/h. Wie viel Zeit benötigt es für 30 km?

8 Ein Schnellboot legt in einer Stunde 40 km zurück. Wie lange benötigt es für 240 km?

1 Die Kinder schneiden eine Torte auf.

a) Tom, Tina, Ralf und Sabine sollten gleich große Stücke herstellen. Welchem Kind ist dies gelungen?

   Schreibe auf: Tom hat 2 gleiche Teile.
   Tina hat __ gleiche Teile.

b) Nimm rundes Faltpapier und stelle 2 (4, 8) gleiche Teile her.

2 Welche Torten sind in gleich große Stücke aufgeteilt worden?

a)   b)   c)   d)   e)   f)   g)

Schreibe: Torte a), …

3 Wie viele gleiche Teile haben die Torten?

a)   b)   c)   d)   e)   f)   g)

Schreibe auf: Torte a) hat 4 gleiche Teile. Torte b) …

4 Welches Stück nimmt Klaus?

ein Viertel $\frac{1}{4}$

drei Viertel $\frac{3}{4}$

5 Markus schreibt Bruchzahlen auf. Kannst du ihm helfen?

ein Viertel   ein halb   ein Achtel   ein Viertel   ein Achtel

6 Schreibe die Bruchzahlen in dein Heft.

a)  $\frac{1}{4}$ b) 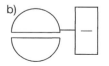   c) 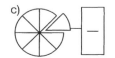   d) 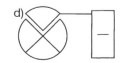   e)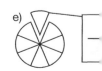

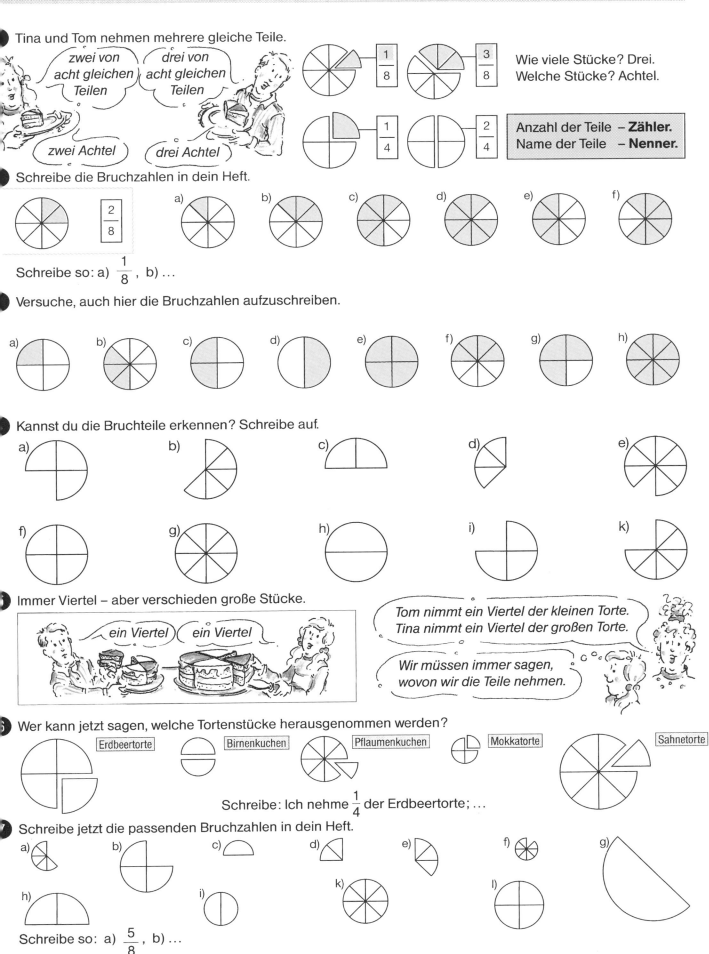

Tina und Tom nehmen mehrere gleiche Teile.

zwei von acht gleichen Teilen *drei von acht gleichen Teilen*

zwei Achtel *drei Achtel*

Wie viele Stücke? Drei.
Welche Stücke? Achtel.

$\frac{1}{8}$ $\frac{3}{8}$ $\frac{1}{4}$ $\frac{2}{4}$

Anzahl der Teile – Zähler.
Name der Teile – Nenner.

Schreibe die Bruchzahlen in dein Heft.

$\frac{2}{8}$ a) b) c) d) e) f)

Schreibe so: a) $\frac{1}{8}$, b) …

Versuche, auch hier die Bruchzahlen aufzuschreiben.

a) b) c) d) e) f) g) h)

Kannst du die Bruchteile erkennen? Schreibe auf.

a) b) c) d) e)

f) g) h) i) k)

Immer Viertel – aber verschieden große Stücke.

ein Viertel *ein Viertel*

Tom nimmt ein Viertel der kleinen Torte.
Tina nimmt ein Viertel der großen Torte.

Wir müssen immer sagen, wovon wir die Teile nehmen.

Wer kann jetzt sagen, welche Tortenstücke herausgenommen werden?

Erdbeertorte   Birnenkuchen   Pflaumenkuchen   Mokkatorte   Sahnetorte

Schreibe: Ich nehme $\frac{1}{4}$ der Erdbeertorte; …

Schreibe jetzt die passenden Bruchzahlen in dein Heft.

a) b) c) d) e) f) g)

h) i) k) l)

Schreibe so: a) $\frac{5}{8}$, b) …

1 Welche Stücke nehmen Uli, Dorle und Anna?

ein Drittel *ein Sechstel* Ich unterteile die Stücke von Dorle nochmals.

Uli nimmt

Dorle nimmt

Anna nimmt

2 Kannst du die entsprechenden Bruchzahlen finden?

a) ein Drittel
b) ein Stück von zwölf gleichen Teilen
c) ein Zwölftel

d) ein Stück von sechs gleichen Teilen
e) ein Sechstel
f) ein Stück von drei gleichen Teilen

Schreibe so: a) $\dfrac{1}{3}$; ...

3 Tina und Tom brauchen Hilfe.

Ich habe in 5 gleiche Teile aufgeteilt.

Ich möchte daraus 10 gleiche Teile machen.

a) Kannst du helfen, 10 gleiche Teile herzustellen?

b) Weißt du, wie man die 10 Teile nennt?

4 Kannst du die passenden Bruchzahlen finden?

a) ein Fünftel
c) ein Stück von fünf gleichen Teilen

b) ein Zehntel
d) ein Stück von zehn gleichen Teilen

Schreibe so: a) $\dfrac{1}{5}$; ...

5 Schreibe jetzt die Bruchzahlen zu den herausgenommenen Bruchteilen auf.

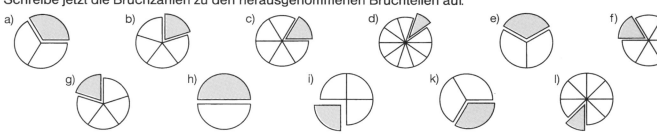

a)   b)   c)   d)   e)   f)

g)   h)   i)   k)   l)

Schreibe so: Torte a) $\dfrac{1}{3}$; Torte b) ...

6 Versuche auch hier, die Bruchzahlen aufzuschreiben.

 a)   b)   c)   d)   e)   f)

 g)   h)   i)   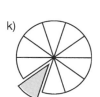 k)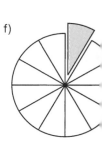

Welche Bruchteile haben Tina, Evi, Tom und Gerd farbig ausgemalt?

Tina $\dfrac{2}{\square}$ Evi $\dfrac{\square}{6}$ Tom $\dfrac{\square}{\square}$ Gerd $\dfrac{\square}{\square}$

Welche Bruchteile sind hier rot? Schreibe so auf: a) $\dfrac{4}{6}$

a)   b)   c)   d)   e)   f)   g)   h)

Welche Teile sind rot, welche nicht? Schreibe so: a) $\dfrac{1}{4}$ rot, $\dfrac{3}{4}$ nicht rot.

a)   b)   c)   d)   e)   f)   g)

h)   i)   k)   l)   m)   n)

Zeichne sechs unterschiedlich große Kreise in dein Heft.
a) Unterteile die ersten drei Kreise in Viertel. Male jeweils drei Viertel der Kreise farbig aus.
b) Unterteile die letzten drei Kreise in Achtel. Male jeweils drei Achtel farbig aus.

Trage die entsprechenden Bruchteile in eine Tabelle ein.

a) 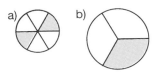 b) c) d) e)

Bruchteil	a	b	c	d	e
rot	$\dfrac{2}{6}$				
nicht rot	$\dfrac{4}{6}$				
zusammen	$\dfrac{6}{6}$				

Was gehört zusammen?   Schreibe so: 1) gehört zu c); 2) gehört...

1) zwei Drittel
2) drei Fünftel
3) vier Fünftel
4) drei Viertel
5) ein Drittel
6) zwei Fünftel
7) drei Drittel
8) fünf Fünftel
9) zwei Halbe
10) ein Fünftel
11) vier Viertel

a)   b)   c)   d)   e)

f)   g)   h)   i)   k)   l)

1

Wir müssen die Schokolade gerecht in vier gleiche Teile einteilen.

Ja, wir müssen Viertel bilden. Kann man das?

Zeichne die Quadrate ins Heft ab und teile auf verschiedene Weisen in vier gleiche Teile.

2 Zeichne diese Rechtecke ins Heft. Kannst du sie in vier gleiche Teile teilen?

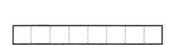 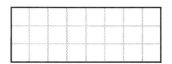 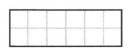

3 Zeichne die Quadrate in dein Heft und male die angegebenen Bruchteile aus.

 $\frac{1}{4}$ a) $\frac{2}{4}$ b) $\frac{3}{4}$ c) ☐ $\frac{4}{4}$ d) ☐ $\frac{1}{2}$ e) $\frac{2}{2}$

4 Schreibe auf, wie viele Teile jeweils farbig sind.

A   B   C   D   E   F   G   H

 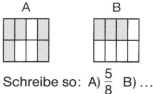

Schreibe so: A) $\frac{5}{8}$ B) …

5 Tom und Tina falten ein Quadrat in Viertel.

Toms Einteilung: Tinas Einteilung:

a) Sind beide Einteilungen Viertel?
b) Probiere selber aus, wie viele verschiedene Einteilungen möglich sind.

6 Zeichne Quadrate mit den angegebenen Seitenlängen in dein Rechenheft.

a) a = 5 cm   b) a = 10 cm   c) a = 2,5 cm   d) a = 7,5 cm

Kannst du jetzt diese Quadrate auf verschiedene Weise in Fünftel einteilen?

7 Gabi stellt Aufgaben:

Wer kann dieses Quadrat in Drittel einteilen?

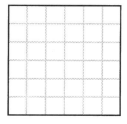

a) Zeichne diese Quadrate in dein Heft und teile sie in Drittel.
   Quadrat 1: a = 6 cm
   Quadrat 2: a = 9 cm

b) Zeichne die Rechtecke ins Heft und bilde Sechstel.
   Rechteck 1: a = 6 cm   b = 2 cm
   Rechteck 2: a = 4 cm   b = 3 cm

Hans hat eine Lakritzstange. Er möchte sie in vier gleiche Stücke einteilen. Wo muss die Stange durchgeschnitten werden?

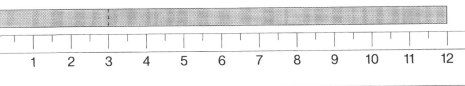

Tom, Tina, Gabi und ich, jeder bekommt ein Viertel.

2 Diese Lakritzstange soll an drei Kinder verteilt werden. Kannst du sie mit dem Lineal in Drittel unterteilen?

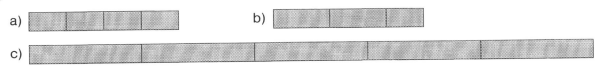

3 Welche Bruchteile sind hier erstellt worden?

a) [bar] b) [bar]

c) [bar]

Schreibe so auf: a) Viertel; b) …

4 In welche Bruchteile können diese Stangen leicht eingeteilt werden?

a) [bar] b) [bar]

c) [bar] d) [bar]

e) [bar]

Schreibe so: a) Sechstel, …

5 Welche Bruchteile sind hier farbig markiert?

a) 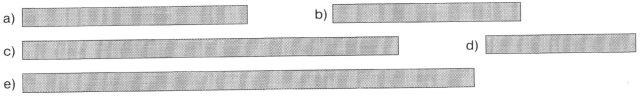 b)

c) d)

6 Gabi hat vier Lakritzstangen. Alle sind 12 cm lang. Sie möchte die erste Stange in Hälften, die zweite in Drittel, die dritte in Viertel und die vierte in Sechstel einteilen.

a) Kannst du, ohne zu zeichnen und auszumessen, sagen, wie lang die Teile sind?
Schreibe so: Die Hälfte von 12 cm ist _____ cm.
Ein Drittel von 12 cm ist _____ cm…

b) Zeichne zur Kontrolle die vier Lakritzstangen in dein Heft und teile sie in Hälften, Drittel, Viertel und Sechstel ein.

7 Hans hat eine Lakritzstange. Sie ist 24 cm lang. In welche Bruchteile kann er sie ganz leicht einteilen?

8 a) Hans hat eine halbe Stange. Sie ist 8 cm lang. Wie lang war die ganze Stange?

b) Tina hat ein Drittel einer Stange. Sie ist 5 cm lang. Wie lang war die ganze Stange?

1

Das ist die Hälfte einer Torte.

Das sind zwei Viertel.

Das sind vier Achtel.

$$\frac{1}{2} \;=\; \frac{\ }{\ } \;=\; \frac{\ }{\ }$$

Wer hat Recht: Klaus, Frank oder Lena?

2 Kannst du für gleiche Bruchteile verschiedene Schreibweisen finden?

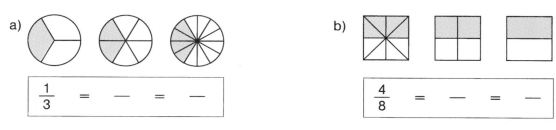

a) $\frac{1}{3} = \frac{\ }{\ } = \frac{\ }{\ }$

b) $\frac{4}{8} = \frac{\ }{\ } = \frac{\ }{\ }$

3 Finde auch hier die entsprechenden Bruchzahlen.

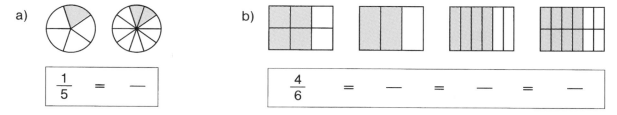

a) $\frac{1}{5} = \frac{\ }{\ }$

b) $\frac{4}{6} = \frac{\ }{\ } = \frac{\ }{\ } = \frac{\ }{\ }$

4 Suche gleiche Bruchteile.

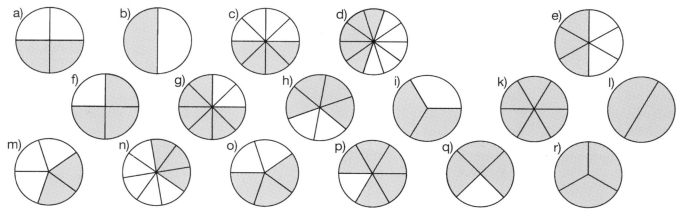

a) Welche Bruchteile sind hier farbig gezeichnet? Schreibe so ins Heft: a) $\frac{2}{4}$,   b) ...

b) Welche Stücke sind gleich groß? Schreibe: $\frac{2}{4} = \frac{1}{2} = ...$

5 Stelle Brüche mit Faltpapier dar.

a) Nimm rundes Faltpapier und falte Halbe, Viertel und Achtel.

b) Ist es auch möglich, Drittel, Sechstel, Fünftel und Zehntel zu falten?

Ein Viertel meiner Pizza ist mit Salami belegt, auf zwei Vierteln liegen Pilze. Zusammen sind es …

Wenn du noch Hunger hast, gebe ich ein Viertel ab. Ich habe dann noch …

$$\frac{1}{4} + \frac{2}{4} = \frac{\square}{4}$$

$$\frac{3}{4} - \frac{1}{4} = \frac{\square}{4}$$

Beim Addieren und Subtrahieren bleibt der Name der Teile (Nenner) erhalten.

Zähler (Anzahl der Teile)

$$\frac{3}{4}$$

Ja, es ändert sich nur die Anzahl (der Zähler) der Teile.

Nenner (Name der Teile)

Wer kann das rechnen?

	Pizza mit Pilzen	Pizza mit Salami	zusammen
Susi	$\frac{2}{4}$	$\frac{1}{4}$	$\frac{\square}{4}$
Tina	$\frac{2}{8}$	$\frac{1}{8}$	$\frac{\square}{8}$
Anna	$\frac{2}{5}$	$\frac{2}{5}$	
Stefan	$\frac{3}{6}$	$\frac{2}{6}$	
Christian	$\frac{2}{10}$	$\frac{4}{10}$	

	So viel Pizza ist da	So viel wird verschenkt	So viel Pizza bleibt übrig
Gabi	$\frac{3}{4}$	$\frac{1}{4}$	$\frac{\square}{4}$
Erni	$\frac{6}{8}$	$\frac{2}{8}$	$\frac{\square}{8}$
Tim	$\frac{4}{6}$	$\frac{1}{6}$	
Martin	$\frac{3}{5}$	$\frac{2}{5}$	
Uwe	$\frac{8}{10}$	$\frac{3}{10}$	

Kannst du die Aufgaben zu diesen Bildern finden?

a)  b) 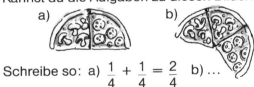 c) d) 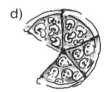 e) f)

Schreibe so: a) $\frac{1}{4} + \frac{1}{4} = \frac{2}{4}$ b) …

Kannst du auch hier die Aufgaben finden?

a) 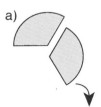 b) 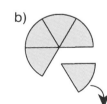 c) 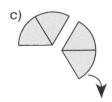 d) 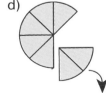 e) 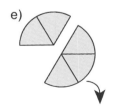 f)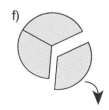

Diese Aufgaben kannst du jetzt lösen.

a)
$$\frac{4}{8} + \frac{3}{8}$$
$$\frac{1}{8} + \frac{6}{8}$$
$$\frac{5}{8} + \frac{3}{8}$$

b)
$$\frac{2}{5} + \frac{2}{5}$$
$$\frac{3}{4} + \frac{1}{4}$$
$$\frac{1}{2} + \frac{1}{2}$$

c)
$$\frac{6}{10} + \frac{4}{10}$$
$$\frac{5}{10} + \frac{5}{10}$$
$$\frac{3}{6} + \frac{3}{6}$$

d)
$$\frac{6}{8} - \frac{5}{8}$$
$$\frac{2}{3} - \frac{1}{3}$$
$$\frac{4}{5} - \frac{2}{5}$$

e)
$$\frac{3}{10} - \frac{2}{10}$$
$$\frac{7}{8} - \frac{4}{8}$$
$$\frac{6}{8} - \frac{4}{8}$$

f)
$$\frac{8}{8} - \frac{3}{8}$$
$$\frac{6}{6} - \frac{2}{6}$$
$$\frac{2}{4} - \frac{2}{4}$$

1 Wer kann hier gleiche Teile bilden?

$$\frac{1}{3} \text{ von } 6 \rightarrow 6 : 3 = 2 \qquad \frac{1}{4} \text{ von } 12 \rightarrow \square : \square = \square \qquad \frac{1}{5} \text{ von } 10 \rightarrow \square : \square = \square$$

2 Schreibe die Aufgaben und die Ergebnisse in dein Heft.

a)
$\frac{1}{3}$ von 6 Stiften $\frac{1}{4}$ von 8 Äpfeln

$\frac{1}{8}$ von 40 Flaschen $\frac{1}{9}$ von 81 Seiten

$\frac{1}{5}$ von 20 Autos $\frac{1}{6}$ von 12 Kästen

b)
$\frac{1}{5}$ von 45 Murmeln $\frac{1}{4}$ von 20 Spielsteinen

$\frac{1}{6}$ von 24 Gläsern $\frac{1}{8}$ von 8 Aufgaben

$\frac{1}{10}$ von 100 Menschen $\frac{1}{2}$ von 10 Schuljahren

3 Wir legen mehrere gleiche Teile zusammen.

a)
$\frac{1}{5}$ von 10 $= 2$

$\frac{4}{5}$ von 10 $= \square \cdot 2 = 8$

$\frac{2}{5}$ von 10 $= \square \cdot \square = \square$

b)
$\frac{1}{4}$ von 20 $= 5$

$\frac{3}{4}$ von 20 $= \square \cdot 5 = \square$

$\frac{3}{4}$ von 20 $= \square \cdot \square = \square$

4 Auch hier werden mehrere gleiche Teile zusammengelegt.

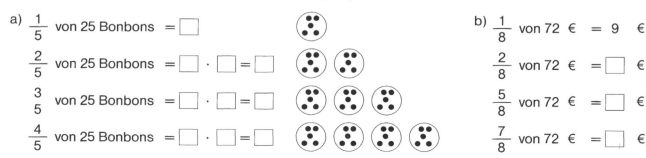

a)
$\frac{1}{5}$ von 25 Bonbons $= \square$

$\frac{2}{5}$ von 25 Bonbons $= \square \cdot \square = \square$

$\frac{3}{5}$ von 25 Bonbons $= \square \cdot \square = \square$

$\frac{4}{5}$ von 25 Bonbons $= \square \cdot \square = \square$

b)
$\frac{1}{8}$ von 72 € $= 9$ €

$\frac{2}{8}$ von 72 € $= \square$ €

$\frac{5}{8}$ von 72 € $= \square$ €

$\frac{7}{8}$ von 72 € $= \square$ €

1

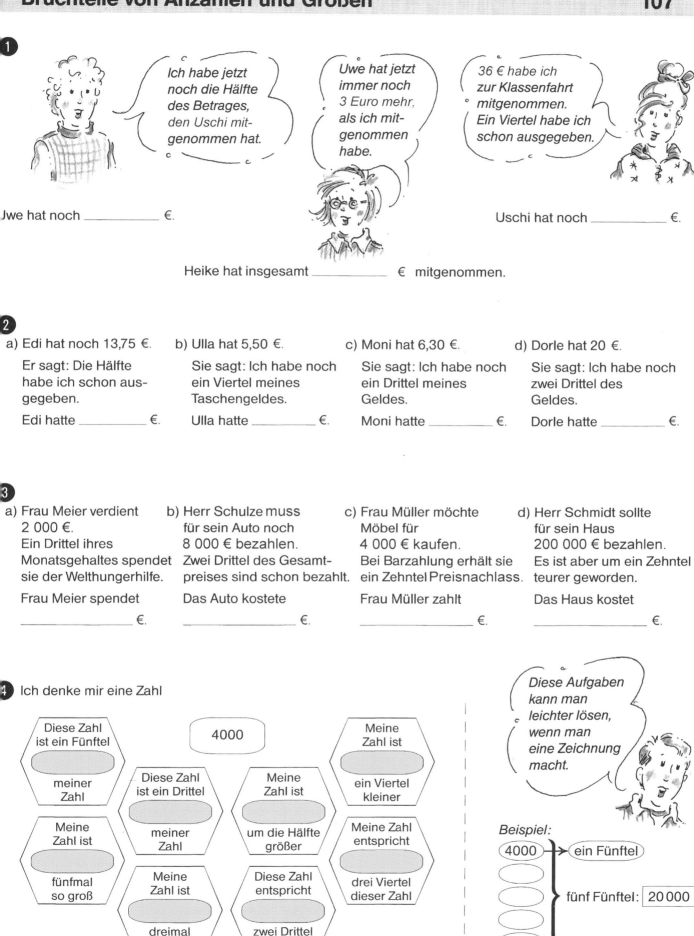

Ich habe jetzt noch die Hälfte des Betrages, den Uschi mitgenommen hat.

Uwe hat jetzt immer noch 3 Euro mehr, als ich mitgenommen habe.

36 € habe ich zur Klassenfahrt mitgenommen. Ein Viertel habe ich schon ausgegeben.

Uwe hat noch _____ €.

Uschi hat noch _____ €.

Heike hat insgesamt _____ € mitgenommen.

2

a) Edi hat noch 13,75 €.

Er sagt: Die Hälfte habe ich schon ausgegeben.

Edi hatte _____ €.

b) Ulla hat 5,50 €.

Sie sagt: Ich habe noch ein Viertel meines Taschengeldes.

Ulla hatte _____ €.

c) Moni hat 6,30 €.

Sie sagt: Ich habe noch ein Drittel meines Geldes.

Moni hatte _____ €.

d) Dorle hat 20 €.

Sie sagt: Ich habe noch zwei Drittel des Geldes.

Dorle hatte _____ €.

3

a) Frau Meier verdient 2 000 €. Ein Drittel ihres Monatsgehaltes spendet sie der Welthungerhilfe.

Frau Meier spendet

_____ €.

b) Herr Schulze muss für sein Auto noch 8 000 € bezahlen. Zwei Drittel des Gesamtpreises sind schon bezahlt.

Das Auto kostete

_____ €.

c) Frau Müller möchte Möbel für 4 000 € kaufen. Bei Barzahlung erhält sie ein Zehntel Preisnachlass.

Frau Müller zahlt

_____ €.

d) Herr Schmidt sollte für sein Haus 200 000 € bezahlen. Es ist aber um ein Zehntel teurer geworden.

Das Haus kostet

_____ €.

4 Ich denke mir eine Zahl

Diese Aufgaben kann man leichter lösen, wenn man eine Zeichnung macht.

Diese Zahl ist ein Fünftel meiner Zahl

4000

Meine Zahl ist ein Viertel kleiner

Diese Zahl ist ein Drittel meiner Zahl

Meine Zahl ist um die Hälfte größer

Meine Zahl entspricht drei Viertel dieser Zahl

Meine Zahl ist fünfmal so groß

Meine Zahl ist dreimal so groß

Diese Zahl entspricht zwei Drittel meiner Zahl

Beispiel:

4000 → ein Fünftel

fünf Fünftel: 20 000

Familie Grün träumt von einem Häuschen mit Garten.

So sollte es aussehen.

1 Das Haus soll den folgenden Grundriss haben.
Berechne die Fläche der einzelnen Räume und die Gesamtwohnfläche.

Grundriss: 6 m, 3 m, 4 m (oben); 6 m, 6 m (Seiten); 4 m, 2 m (links unten)
Wohnzimmer, Kinderzimmer 1, Schlafzimmer, Flur, Küche, WC, Bad, Kinderzimmer 2
4 m, 2 m, 3 m, 3 m (unten); 2 m, 2 m (rechts unten)

Wohnzimmer	..... m²
Schlafzimmer	..... m²
Kinderzimmer 1	..... m²
Kinderzimmer 2	..... m²
Küche	..... m²
Bad	..... m²
WC	..... m²
Flur	..... m²
Gesamte Wohnfläche	..... m²

2 Architekt Müller bespricht mit Familie Grün das Bauvorhaben.
Er macht einen Kostenvoranschlag.

Die Kosten habe ich zunächst einmal nur geschätzt.

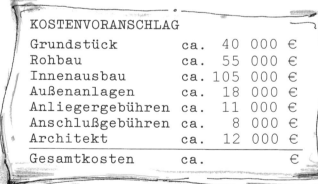

KOSTENVORANSCHLAG

Grundstück	ca.	40 000 €
Rohbau	ca.	55 000 €
Innenausbau	ca.	105 000 €
Außenanlagen	ca.	18 000 €
Anliegergebühren	ca.	11 000 €
Anschlußgebühren	ca.	8 000 €
Architekt	ca.	12 000 €
Gesamtkosten	ca.	€

a) Berechne die geschätzten Gesamtkosten.

b) Familie Grün könnte folgende Geldbeträge aufbringen. Reicht das Geld?

Eigenkapital	25 000 €
Bausparverträge	80 000 €
Lebensversicherung	75 000 €
Bankdarlehen (Hypothek)	62 000 €

c) Wie viel € Kosten müsste Familie Grün einsparen?

Das können wir uns nicht leisten.

Oder wir müssen einsparen.

3 Kosteneinsparung beim Grundstück.

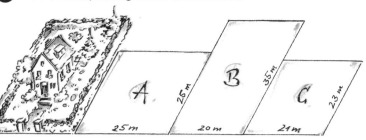

a) Berechne die Größe der Grundstücke
   A = … m²
   B = … m²
   C = … m²

b) Welches Grundstück wird Familie Grün kaufen?

c) Wie viel € kostet das Grundstück?
   Der Preis für 1 m² beträgt 58 €.

d) Wie viel € kann Familie Grün einsparen?
   (vergleiche mit Aufgabe **2**)

Es sind nur noch drei Grundstücke frei.

Wir können höchstens 500 m² kaufen.

4 Kosteneinsparung beim Rohbau.
Der Architekt hat jeweils den höheren Preis berechnet.

a) Gittersteine: Stückpreis 1,80 €
   Bimssteine: Stückpreis 2,60 €

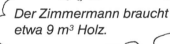

Wir brauchen 2 800 Steine.

b) Zwischen den Stockwerken werden 2 Betondecken eingezogen.
   In Fertigbauweise kostet eine Decke 4 990 €. 1 gegossene Decke kostet 6 180 €.
   Berechne die Einsparung, wenn beide Decken in Fertigbauweise erstellt werden.

c) Preis je m³ Fichtenholz: 230 €
   Preis je m³ Eichenholz: 890 €

Der Zimmermann braucht etwa 9 m³ Holz.

d) Berechne die Gesamteinsparungen,
   die beim Rohbau möglich sind.

e) Wie hoch wären nun die Kosten für den
   Rohbau aus Aufgabe **2**?

5 Kosteneinsparungen beim Innenausbau. Auch hier hat der Architekt jeweils den höheren Preis berechnet.

Ⓐ 10 Zimmertüren werden benötigt. Preis pro Tür:

Echtholz:	469,- €
Angebot:	298,- €

Ⓑ Es werden 70 m² Fliesen benötigt.

1. Wahl:	42,- €/m²
2. Wahl:	29,- €/m²

Ⓒ Preisangebote für Fenster.

Kunststofffenster:	12 580 €
Holzfenster:	10 780 €

a) Berechne jeweils den Preisunterschied.

b) Welche Gesamteinsparung ist bei Türen, Fliesen und Fenstern möglich?

c) Berechne die Kosten für den Innenausbau, wenn Familie Grün immer das preisgünstigste Angebot wählt.

6 Familie Grün überlegt nun, ob sie durch die Kosteneinsparungen das Haus bauen kann.

a) Berechne die Kostenersparnis:
   Grundstück:................... €
   Rohbau...................... €
   Innenausbau .... €
   _____
   Gesamteinsparung........... €

b) Wie hoch sind nun die Gesamtkosten des Hauses? (vergleiche mit Aufgabe **2**)

Drei Familien auf Urlaubsfahrt.

Das ist Familie Klein.

Das ist Familie Meier.

Das ist Familie Groß.

Da die Familien wenig Geld haben, möchten sie möglichst alle Preisvorteile und Ermäßigungen nutzen.

1 Fahrt mit der Eisenbahn.

Achtung – tolles Angebot!

Fahren Sie zum SPARPREIS.
Die erste Person zahlt
unabhängig vom Ziel
120 €.
Jeder weitere Erwachsene
zahlt die Hälfte.
Kinder zahlen nochmals
die Hälfte.

Das kostet die Bahnfahrt:

Familie Klein: _____ €.

Familie Meier: _____ €.

Familie Groß: _____ €.

2 Besuch im Zoo.

Eintrittspreise:

Erwachsene 6,40 €;
Kinder zahlen
die Hälfte.

Familie Klein zahlt _____ €.

Familie Meier zahlt _____ €.

Familie Groß zahlt _____ €.

3 Fahrt mit der Seilbahn.

Fahrpreise:

Erwachsene 12 €;
Kinder zahlen die
Hälfte.

Familie Klein: _____ €.

Familie Meier: _____ €.

Familie Groß: _____ €.

HOCHECK-
BAHN

*2 Angebote. Welches
ist günstiger?*

Sie fahren
auf eine
Höhe von
2 280 m.

Finde den
günstigsten Preis.

SONDERANGEBOT!

Für Gruppen ab 3 Per-
sonen 1/3 Ermäßigung
auf den vollen Preis.

Familie Klein: _____ €.

Familie Meier: _____ €.

Familie Groß: _____ €.

4 Eine Bootsfahrt.

BOOTSVERMIETUNG!

1. Stunde: 9 €

2. Stunde: $\frac{2}{3}$ des Preises

3. Stunde: $\frac{1}{2}$ des Preises

4. Stunde: $\frac{1}{3}$ des Anfangs-
preises

Familie Klein fährt 2 Stunden.

Sie zahlt _____ €.

Familie Meier fährt 3 Stunden.

Sie zahlt _____ €.

Familie Groß fährt 4 Stunden.

Sie zahlt _____ €.

Lernkontrolle ohne Noten.

a) Überlege, wie du die folgenden Aufgaben lösen kannst.
b) Versuche zu begründen, warum du so rechnest.
c) Bei vielen Aufgaben kann man die Probe machen.
d) Wenn du nicht weiterkommst, kannst du auf der angegebenen
   Buchseite nachsehen.

Suche die Zahl, die um 1 kleiner ist als 10 000!

Der Aufbau großer Zahlen.

a) Welche Zahl ist um 100 größer als 100 000?

   [   ]

b) Welche Zahl ist um 100 kleiner als 100 000?

   [   ]

c) Kannst du den Geldbetrag bestimmen?
   In einer Kasse liegen:

   27 Tausender,
   34 Hunderter,
   12 Zehner,
   25 Einer.

   Verwende das Zahlenhaus.

   In der Kasse liegen [   ] €.

d) Kannst du wechseln?

12 Tausender in	_____	Hunderter
24 Hunderter in	_____	Zehner
37 Zehner in	_____	Einer
12 Tausender in	_____	Zehner
24 Hunderter in	_____	Einer

   Verwende das Zahlenhaus.

e) Welche Zahl muss man addieren,
   um 30 000 zu erhalten?

   $29\,000 + \underline{\hspace{2cm}} = 30\,000$
   $29\,900 + \underline{\hspace{2cm}} = 30\,000$
   $29\,990 + \underline{\hspace{2cm}} = 30\,000$
   $29\,090 + \underline{\hspace{2cm}} = 30\,000$
   $29\,001 + \underline{\hspace{2cm}} = 30\,000$

Runden von Zahlen.

a) Suche den nächsten
   vollen Hunderttausender.

   $239\,999 \longrightarrow 200\,000$
   $270\,000 \longrightarrow \underline{\hspace{1.5cm}}$
   $760\,000 \longrightarrow \underline{\hspace{1.5cm}}$
   $849\,909 \longrightarrow \underline{\hspace{1.5cm}}$

b) Runde auf die
   Zehntausenderstelle.

   $39\,090 \longrightarrow 40\,000$
   $71\,999 \longrightarrow \underline{\hspace{1.5cm}}$
   $45\,000 \longrightarrow \underline{\hspace{1.5cm}}$
   $44\,999 \longrightarrow \underline{\hspace{1.5cm}}$

Spiel: Ich denke mir eine Zahl.

Spiele mit deinem Nachbarn das Spiel. Es sind Zahlen bis 10 Millionen erlaubt. Mache dir während des Spiels Notizen. Wer kann mit den wenigsten Fragen die Zahl ermitteln?

Fünfhunderttausend? 2 Millionen?

Meine Zahl ist größer! Meine Zahl ist kleiner!

4 Addieren und Subtrahieren großer Zahlen.

Schreibe die Zahlen untereinander und rechne. Mache die Probe.

a) 23 412 + 142 456

45 607 + 426 327

5 009 + 79 909

b) 84 639 – 4 218

64 563 – 8 247

70 918 – 2 819

5 Multiplizieren und Dividieren – mündliches Rechnen.

a) 20 · 4 = ☐

40 · 5 = ☐

5 · 20 = ☐

6 · 80 = ☐

b) 20 · ☐ = 140

30 · ☐ = 210

5 · ☐ = 400

7 · ☐ = 350

c) 160 = ☐ · 20

490 = ☐ · 70

420 = 7 · ☐

630 = 7 · ☐

d) 180 : 20 = ☐

360 : 90 = ☐

210 : 70 = ☐

150 : 30 = ☐

e) 320 : 4 = ☐   45 : 8 = ☐   354 : 70 = ☐

480 : 6 = ☐   48 : 7 = ☐   486 : 60 = ☐

720 : 8 = ☐   47 : 6 = ☐   243 : 60 = ☐

280 : 7 = ☐   46 : 5 = ☐   414 : 50 = ☐

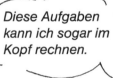

Diese Aufgaben kann ich sogar im Kopf rechnen.

6 Multiplizieren und Dividieren – schriftliches Rechnen.

a) 232 · 3

e) 864 : 2

b) 456 · 4

f) 495 : 3

c) 19 427 · 6

g) 45 724 : 4

d) 4 309 · 8

h) 4 536 : 9

i) 462,44 € · 5

l) 562,35 € : 3

k) 407,30 € · 4

m) 728 € : 5

Beim Dividieren muss man manchmal € in Cent umwechseln.

n) 3 462 · 23

q) 3 744 : 12

o) 7 045 · 28

r) 47 462 : 87

p) 48,09 · 57

s) 897,59 € : 47

7 Flächenberechnung.

Zimmer 1 ist 8 m lang und 3 m breit.
Welches Zimmer ist größer?

Zimmer 2 ist 5 m lang und 5 m breit.

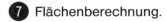